常见变电在线监测装置运维技术

国网安徽省电力有限公司电力科学研究院　组编

赵常威　钱宇骋　主编

合肥工业大学出版社

图书在版编目(CIP)数据

常见变电在线监测装置运维技术/赵常威,钱宇骋主编 . —合肥:合肥工业大学出版社,2022.11

ISBN 978 - 7 - 5650 - 6167 - 7

Ⅰ.①常… Ⅱ.①赵… ②钱… Ⅲ.①变电—在线监测装置—教材 Ⅳ.①TM63

中国版本图书馆 CIP 数据核字(2022)第 231243 号

常见变电在线监测装置运维技术

赵常威 钱宇骋 主 编		责任编辑 郑 洁	
出 版	合肥工业大学出版社	版 次	2022 年 11 月第 1 版
地 址	合肥市屯溪路 193 号	印 次	2022 年 11 月第 1 次印刷
邮 编	230009	开 本	787 毫米×1092 毫米 1/16
电 话	基础与职业教育出版中心:0551 - 62903120	印 张	7.75
	营销与储运管理中心:0551 - 62903198	字 数	185 千字
网 址	www. hfutpress. com. cn	印 刷	安徽联众印刷有限公司
E-mail	hfutpress@163. com	发 行	全国新华书店

ISBN 978 - 7 - 5650 - 6167 - 7 定价:75.00 元

编委会

前　言

　　变电站一次设备作为变电站中承载电力的主设备扮演着电力支架的角色。在线监测装置为电力设备实施状态检修的重要基础,是变电站设备安全运行的有效保障。为进一步强化变电在线监测专业化运维工作,提升变电在线监测系统、装置的运维能力,确保变电在线监测装置可用、好用,国网安徽省电力有限公司电力科学研究院组织人员编写本书,旨在为各电力公司变电在线监测的专业运维提供有力支撑。

　　本书共分 7 章,分别为:变电在线监测概论;变电在线监测系统运维技术;变压器油中溶解气体在线监测装置运维技术;变压器铁芯接地电流在线监测装置运维技术;金属氧化物避雷器在线监测装置运维技术;GIS 特高频局部放电在线监测装置运维技术;SF_6气体压力在线监测装置运维技术;等等。全书语言通俗易懂、逻辑结构清晰,材料介绍翔实。通过对本书的学习和应用,各级在线监测管理人员能够进一步掌握变电在线监测运维技术,提高在线监测运维水平,从而使变电在线监测运维工作更加标准化、规范化、精益化。

　　本书在编写过程中,得到了国网安徽省电力有限公司以及相关单位的大力支持。

　　鉴于编者水平有限,编写时间仓促,书中难免有不妥之处,恳请广大读者批评指正。

编　者

2022 年 11 月

目　录

第1章　变电在线监测概论

国家电网是伴随着电力工业的发展而不断扩展的，西电东送、南北互供、全国联网的格局正在形成。大容量的电力系统，对运行安全和供电可靠性提出了更高的要求。如何保障电力系统安全、稳定、可靠地运行，是电力部门的重要课题。

在我国电力系统的发展史上，发生过几次由于电力变压器和其他电气设备突发事故导致的大面积停电，这不仅给人们的生活带来了不便，也严重地阻碍了经济发展。如今，电网规模不断扩大，电压等级越来越高，电能传输能力也在不断增长，这就迫切需要对电气设备运行状况进行实时监测，及时反映绝缘材料的劣化程度，以便采取预防措施，避免发生停电事故。

变电设备在线监测是指在综合利用传感器技术、信息处理技术和广域通信技术等多种技术的基础上，在不停电的情况下，对变电站设备状况进行连续性或周期性地自动监测，实现对多种电气设备运行情况的实时获取、监测示警、分析诊断和评估预报。在线监测技术的普及与推广，可以加速数字化电网的发展，并且为电气设备状态运行管理提供良好的技术平台。

变电站是电力系统中的重要环节，对变电站中的各类设备实现在线监测，对降低设备的运行维护成本，提高设备的运行可靠性，延长设备的使用寿命，具有重大的现实意义。

1.1　在线监测技术发展概述

在线监测这一设想由来已久，早在 1951 年，美国西屋电气公司的约翰逊（John S. Johnson）针对运行中发电机因槽放电的加剧导致电机失效的问题，提出并研制了运行条件下监测槽放电的装置。

20 世六七十年代，一些发达国家已开始进行电力设备在线监测和故障诊断的技术研究。20 世纪 60 年代初，美国已使用可燃性气体总量（TCG）检测装置，来测定变压器储油柜油面上的自由气体，以判断变压器的绝缘状态。在潜伏性故障阶段，分散气体大部分溶于油中，故这种装置对潜伏性的故障检测无能为力。20 世纪 70 年代中期，日本等国家已经开始使用气相色谱技术，在分析自由气体的同时，分析油中溶解的气体，这有利于发现早期故障。

20 世纪八九十年代，随着计算机技术、传感技术、光纤技术等高新技术的发展，电力设备在线监测和故障诊断技术得到了较快发展。德、日、美、加等国陆续研制、开发了发电机，变压器，气体绝缘全封闭组合电器 GIS 局部放电、泄漏电流在线监测系统。加拿大安大略水电局研制了用于发电机的局部放电分析仪（PDA），并已成功地应用于加拿大等国的水轮机发电机上。日本在线监测技术于 1975 年从基础研究阶段进入开发研究阶段，并开始推广应用。

在国内，在线监测技术的发展始于 20 世纪 80 年代，各单位相继研制了不同类型的监测装置。由于受到整体技术水平的限制，在线监测技术总体水平不高。2000 年以来，随着我国电网特别是特高压电网建设的不断推进，对在线监测技术的客观需要日益迫切，国内很多高校和企业都开展了在线监测技术的研究。在线监测技术高速发展，覆盖范围广，涵盖了大部分的变电站一次设备。

近年来，借助于先进的工业物联网、互联网、云计算、大数据分析、数据建模、5G 通信等技术，建立了适合电网的设备在线监测技术管理平台。通过对变电站设备状态、数据、功率、能源等数据的采集、清洗、传输、分析、积累、建模、应用，挖掘数据的潜在价值，使设备状态监控及预测性维修水平得到了大幅提升，减少了设备故障停电及相关维修费用。结合移动作业、远程巡视系统、"一键顺控"、集控站建设等智能运检技术应用，最终通过信息化-智能化手段提升设备管理精益化水平，提升设备的智能化程度，提高企业的集约化管理水平，以获得更高的设备运行安全性、可靠性、运行效率和投资回报率，实现现场少人值守、无人值守，从而达到公司人员受控、工作受控、设备受控的目标。

1.2 变电在线监测应用情况

目前，在线监测已在变电站设备中大范围应用。截至 2022 年 10 月，国网安徽省电力有限公司共接入设备运维精益管理系统（PMS）油中溶解气体在线监测装置总数为 814 台，其中 1000kV 变电站 30 台，500kV 变电站 227 台，220kV 变电站 523 台，110kV 变电站 34 台；铁芯接地电流在线监测装置 84 台，其中 1000kV 变电站 9 台，500kV 变电站 27 台，220kV 变电站 33 台，110kV 变电站 15 台；金属氧化物避雷器在线监测装置 2172 台，其中 1000kV 变电站 0 台，500kV 变电站 402 台，220kV 变电站 1707 台，110kV 变电站 63 台；SF_6 气体压力在线监测装置 1195 台，其中 1000kV 变电站 868 台，500kV 变电站 33 台，220kV 变电站 281 台，110kV 变电站 13 台，在线监测覆盖面进一步扩大。变电设备在线监测系统的应用已呈现一定规模，有效地反映了设备的运行状态。随着数字化电网的建设与发展，变电设备在线监测技术将得到更广泛的应用。

1.2.1 变压器在线监测技术

变压器作为电力系统的重要设备，承担着电压转换、功率分配和传输的任务。变压器主要为充油的电力变压器或电抗器。变压器在线监测技术监测的特征量包括油中溶解气体、局部放电、绕组变形、铁芯接地电流、油中微水、高压套管的介质损耗因数和电容量等。其中,油中溶解气体和铁芯接地电流在线监测技术较为成熟,现场应用较多。

(1) 油中溶解气体在线监测技术

油浸电力变压器中主要绝缘材料是变压器油和绝缘纸。这两种材料在放电和热作用下,会分解产生各种气体。对油中溶解的气体进行气相色谱分析便可发现变压器内部发热性和放电性的故障。据不完全统计,50%以上的变压器故障是通过油中气体色谱异常发现的。可见,油中气体色谱分析对及时发现设备缺陷、提示故障性质、查找和消除缺陷起到关键性的作用,是目前广泛应用于变压器在线监测的一种技术。

(2) 铁芯接地电流在线监测技术

变压器铁芯正常运行是一点接地,地线上电流很小,一般为几毫安到几十毫安。当铁芯出现多点接地时会形成环流,铁芯接地电流可能增加到几十安培甚至更高。环流的大小取决于被包围的磁通或非正常接地点的性质。根据有关资料统计,因铁芯问题造成的故障比例占变压器各类故障的第三位,因此监测铁芯接地电流能及早发现铁芯问题造成的故障。

1.2.2 金属氧化物避雷器在线监测技术

在正常的情况下,避雷器的泄漏电流主要是容性电流,阻性电流很小,一般为10%~20%。一旦避雷器出现受潮、阀片老化、表面污秽严重及内部绝缘损坏等情况,容性电流几乎不发生变化而阻性电流却快速增加。针对电流的这个特性,可采用氧化锌避雷器监测阻性电流值和总泄漏电流值。总泄漏电流值能反映氧化锌避雷器的绝缘状况,而阻性电流值能更灵敏地表征其绝缘性能优劣。

1.2.3 GIS 在线监测技术

目前,GIS 在线监测技术集中应用于局部放电监测、SF_6 气体压力监测、断路器动作监测和绝缘状态监测,其中特高频局部放电监测和 SF_6 气体压力监测的应用较为成熟。

(1) 特高频局部放电在线监测技术

GIS 发生绝缘故障的原因是其内部电场的畸变,往往伴随着局部放电现象,产生脉冲电流,电流脉冲上升时间及持续时间仅为纳秒级。该电流脉冲将激发出高频电磁波,其主要频段为 0.3GHz~3GHz。该电磁波可以从 GIS 上的盘式绝缘子处泄露出来,因此可采用特高频传感器测量绝缘缝隙处的电磁波,再根据接收的信号强度来分析局部放电的严重程度。

(2) SF_6 气体压力在线监测技术

SF_6 因其优良的电气性能和灭弧能力,作为绝缘介质广泛应用于 GIS 设备中。当 SF_6 气体压力下降时,会严重影响设备的电气绝缘性能,危害电网运行安全。采用 SF_6 压力传感器实时监测 GIS 内部气体压力值,可以监测是否存在 SF_6 气体泄漏情况。

1.3 变电在线监测运维的重要意义

近年来，国家电网有限公司（以下简称国网公司）一直在持续开展质量提升和技术攻关工作：

一是建章立制，统一技术标准。以系统、装置、数据为对象，从设备选型、入网检测、安装调试、运维检修等各个阶段制定相应标准和规范，指导在线监测技术的应用。

二是源头管控，加强检测检验。建立以中国电力科学研究院为主，以各省级电力科学研究院为辅不同等级的检验系统，分别开展在线监测装置型式试验和到货抽检，加强对供应商产品质量监督。

三是攻坚克难，强化技术创新。针对先进传感技术、信息采集处理技术、信息通信技术、故障诊断方法、抗干扰技术等"卡脖子"问题，设立科技指南项目，开展技术攻关。

上述工作的开展，在一定程度上提升了在线监测技术的应用成效。在线监测装置长期在户外环境中开展工作，加上装置本身具有传感、通信、分析等模块多维电子器件，运行时间一长经常会出现各类软硬件无法正常工作的问题，这些因素都将直接影响其数据的准确性。随着在线监测装置数量的不断增加，装置的运维水平也成为影响在线监测技术应用成效的重要因素。以国网安徽电力为例，全省共有油中溶解气体在线监测装置 814 台，根据 2022 年 1—10 月运维情况统计，共发生数据中断、载气欠压、数据异常、误告警等各类缺陷 1628 条，平均每天 5.37 台次。因此，专业和可靠的运维保障力量是在线监测技术持续发挥其监测预警功能的前提，对变电设备安全运行的意义重大。

本书将围绕变电在线监测系统和常见变电在线监测装置运维过程中涉及的检测检验、安装调试、巡视维护、故障处置等技术问题进行详细介绍，以期推动变电在线监测运维工作更加标准化、规范化、专业化。

第2章 变电在线监测系统运维技术

2.1 系统的定义

变电在线监测系统是在运行情况下,对变电站内一次设备在线监测数据进行连续或周期性地采集、处理、诊断分析及传输的设备状态监测系统。随着技术的不断发展,各类单一功能的在线监测技术趋向集成,各种变电装置的监测单元通过现场总线与主机相连,监测单元负责数据采集、初步分析。各单元将采集到的数据统一传送至监测主机侧,由主机完成数据的加工与处理,并最终以图表的形式将数据汇集到数据库中。在线监测系统有效地完成了对变电站主变、避雷器、断路器等变电设备的实时监测。变电在线监测系统按照图2-1所示的流程完成对设备的监测。

图2-1 变电在线监测系统监测流程图

2.2 变电在线监测系统介绍

2.2.1 早期在线监测系统

国内早期在线监测技术的应用,一般是以变电站或某类变电设备为对象实施的在线监测技术,该在线监测系统为变电站内自行组网,内部网络采用 CAN 总线或 485 总线组网(图2-2)。

系统构架主要分传感器、断路器采样单元和上位机三层,传感器主要由敏感元件和转换元件组成,将被测变量转换为电信号并做信号处理;采样单元实施信号的预处理、A/D 转换和传输,采样单元与传感器之间的连接没有标准接口;上位机是系统的顶层，一般由工控机硬件实现，负责全站数据的汇集、信息显示，对各采样单元的管理和控制，并提供数据远传的接口（如远程桌面连接等），上位机和采样单元之间通过现场总线互联。这种系统的构建适用于在线监测装置应用数量极少的场合，因此在系统构架设计时没有充分考虑标准化、可扩展性等因素，随着在线监测技术的推广应用和发展，这种模式已经被逐渐淘汰。

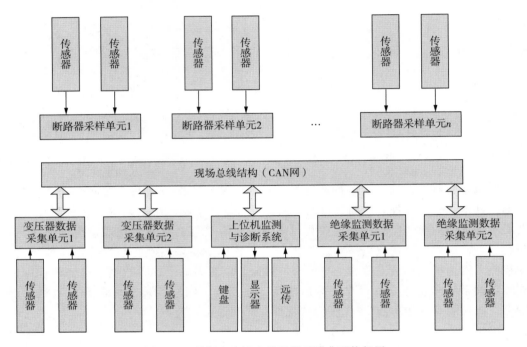

图2-2 早期变电站在线监测系统典型构架图

2.2.2 输变电设备状态监测系统

2010年，国网公司提出了建设"坚强智能电网"的目标。输变电设备状态监测系统是国网公司智能电网试点项目，是实现变电设备状态运行管理、提升生产管理精益化水平的重要技术手段。国网系统各省电力公司（以下简称网省公司）依据《输变电设备状态监测系统标准化设计方案》，按照统一系统架构、数据标准、信息集成、通信接入及安全防护的要求，陆续完成输变电设备状态监测系统的建设。

输变电设备状态监测系统是实现输变电设备状态运行检修管理，提升输变电专业生产运行管理精益化水平的重要技术手段。该系统通过各种传感器技术、广域通信技术和信息处理技术实现对各类输变电设备运行状态的实时感知、监视预警、分析诊断和评估预测。输变电设备状态监测系统面向"坚强智能电网"的建设要求，结合"三集五大"发展战略，依托设备运维精益管理系统（PMS），在国网公司范围内建立"两级部署、三级应用"的统一输变电设备状态监测系统，规范各类输变电设备状态监测数据的接入，提供各种输变电设备状态信息的展示、预警、分析、诊断、评估和预测功能，并集中为其他相关系统提供状态监测数据，实现输变电设备状态的全面监测和状态运行管理。

2.2.2.1 系统架构

依据《国家电网公司输变电设备状态监测系统概要设计》中的系统设计目标、原则和设计思路，输变电设备状态监测系统的总体架构设计如下：

输变电设备状态监测系统相对于传统在线监测系统，在变电监测方面引入了 CAC、CAG、综合监测单元和站端监测单元等新的术语。

1）状态信息接入控制器（CAC）：是一种部署在变电站内的，能以标准方式连接站内各类传感器或状态监测代理，接收它们所发出的标准化状态信息，并对它们进行标准化控制的设备。

2）状态信息接入网关机（CAG）：是一种部署在主站侧的，能以标准方式远程连接各类状态监测代理或 CAC，接收它们所发出的标准化状态信息，并对它们进行标准化控制的计算机。CAG 有变电 CAG 和线路 CAG 之分。

3）综合监测单元：以被监测设备为对象，汇聚各类与被监测设备相关的在线监测装置发送的数据，实现联合分析、就地判断、阈值设定、实时预警等功能，并替代各类在线监测装置与站端监测单元进行标准化数据通信的装置。综合监测单元可接入不同类型、不同厂家的在线监测装置，实现变电站内在线监测装置的标准化接入。

4）站端监测单元：以变电站为对象，承担站内全部监测数据的接入、分析和对监测装置、综合监测单元的管理，实现对监测数据的综合分析、预警功能，对监测装置和综合监测单元设置参数、数据召唤、对时、强制重启等控制功能，并能与站控层其他系统和上层平台进行格式化通信的装置。站端监测单元包括但不限于以综合应用主机、服务网关机、辅控主机等独立主机设备，独立板卡或软件服务的形式在站控层进行部署。

总体上看，输变电设备状态监测系统在国网公司总部和网省公司两级进行完整部署，在地市级公司仅部署 CAC 和各类状态监测传感器（图 2-3）。各类输变电设备状态监测数据在国网公司总部和网省公司集中存储，地市（包括班组）级公司和网省公司用户均通过登录网省公司 PMS 系统使用状态监测应用功能。

在站内分布的各类变电设备状态监测传感器（新投运部分）通过标准方式接入本站 CAC，然后通过本站 CAC 向上接入网省变电 CAG。对于已经建有状态监测系统的站，CAC 通过从原前置子系统集中接入所有状态信息（注：CAC 接入的是加工后数据，并采用推送方式，要求原变电前置子系统进行相应改造）实现对原系统的包容，CAC 不直接连接原有的状态监测装置，以降低接入的复杂性。

2.2.2.2 系统分层

图 2-4 的系统架构从分层角度看，包括传感器层、接入层（间隔层和站控层）和主站层等基本结构。

（1）传感器层

发挥在线监测装置功能。实现被监测设备状态参数的自动采集、信号调理、数据的预处理功能，对分辨率和采样率要求低的场合，直接在过程层实现模数转换，否则

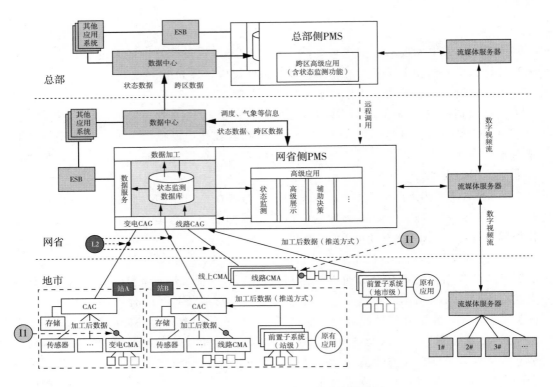

图 2-3　输变电设备状态监测系统构架图

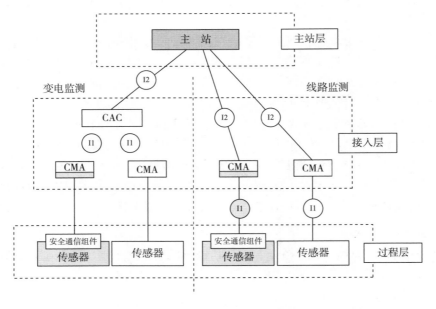

图 2-4　输变电设备状态监测系统分层架构图

模数转换就会在上一层间隔层实现。

（2）间隔层

发挥综合检测单元功能。具体包括：

1）可实现分辨率和采样率要求高的模数转换，分担过程层。

2）汇聚被监测设备所有相关监测装置发送的数据，结合计算模型生成站端监测单元可以直接利用标准化数据，具备计算机本地提取数据的接口。

3）具有初步分析（如阈值、趋势比较等）、预警的功能。

4）作为监测装置和站端监测单元的数据交互和控制的节点，具有现场缓存和转发的功能，包括上传综合监测单元的标准化数据；下传站端监测单元发出的控制命令，如计算模型参数下装、数据召唤、对时、强制重启等。

（3）站控层

发挥站端监测单元功能。具体包括：

1）对站内在线监测装置、综合监测单元以及所采集的在线监测数据进行全局监视管理，支持人工召唤和定时自动轮询两种方式采集监测数据，可发挥对在线监测装置和综合监测单元安装前和安装后的检测、配置和注册等功能。

2）建立统一的数据库，进行时间序列存盘，实现在线数据的集中管理，并具有CAC的功能可与上层平台通信，同时具有与站内信息一体化平台交互的接口。

3）实现变电设备在线监测数据综合分析、故障诊断及预警功能。

4）系统具有可扩展性和二次开发功能，可接入的监测装置类型、监视画面分析报表等不受限制；为变电设备在线监测数据及分析结果发布，提供图形曲线、报表等数据发布工具。

5）具有远程维护和诊断功能，可通过远程登录完成系统异地维护、升级、故障诊断和排除等工作。

（4）主站层

汇集各个变电站的在线监测信息，具备与其他电网设备相关信息系统的接口，可作为网省公司的设备在线监测数据采集中心，也可通过融合其他电网设备信息开发高级应用功能，作为电网设备运维的辅助决策平台。

这种分层设计可支持系统的传感器层、接入层和主站层在各自范围内遵照统一的标准规范相对独立地并行发展。传感器层重点发展各种先进实用的传感原理和传感器技术；接入层重点发展各种高效、可靠、经济的通信接入组网技术以及信息处理与信息接入标准化技术；主站层重点发展各种监测信息存储、加工、展现、分析、诊断和预测等监测数据应用技术。系统分层体系的建立有利于推动国网公司输变电设备状态监测系统的持续改进和发展，使得各层技术更新的相互影响最小化。

2.2.2.3 接口分级

在在线监测装置大规模应用的环境下，在线监测系统架构逐渐走向标准化，其特征是引入基于 IEC 61850 并对应 DL/T860—2004《变电站通信网络和系统》的 I1 和 I2 接口标准。下面对变电站的 I1 和 I2 接口进行描述：

I1 接口是传感器到 CAC 之间的接口，位于最底层，面向传感器，传递的是原始的传感器数据和传感器控制信号。I1 接口层的设计和实现原则是尽量简单和可靠，且要考虑节电运行。

I2 接口是 CAC 到 CAG 之间的接口，位于中间层，面向主站系统，传递的是高级的加工后的"熟数据"和高级控制信号。对于主站系统建设而言，I2 接口是首先需要严格规范的接口层级，建议采用计算机软件行业先进开放的接口技术，如 Web 服务和 XML 技术。

2.2.3 输变电物联网监测系统

2019 年，国网公司"两会"做出全面推进"三型两网"建设，加快打造具有全球竞争力的世界一流能源互联网企业的战略部署。建设泛在电力物联网为提高电力系统运行水平、电网资产运营效率开辟了一条新路，同时也可以充分发挥电网的独特优势，开拓数字经济这一巨大蓝海市场，从而始终保持战略主动。建设泛在电力物联网是落实"三型两网、世界一流"战略目标的核心任务。

随着 MEMS（微机电系统）、低功耗无线通信（LPWAN）、边缘计算的迅速发展，以小型化、无线化、智能化为特点的新型物联网传感器正在逐步成为电力设备状态感知的发展方向。然而，物联网传感器在应用过程中也暴露出无线传感网协议、规约不统一，通用传感网技术与电力行业"水土不服"等问题。

为此，国网公司基于物联网在输变电领域典型的应用场景，提出了输变电设备物联网整体架构（图 2-5），主要分为感知层、网络层和平台层。

（1）感知层

感知层由各类物联网传感器、传感器网络系统组成，用于实现传感信息采集和汇聚，又分为传感器层与数据汇聚层两部分。

传感器层：由各类物联网传感器组成，用于采集不同类型的状态参量，并通过传感器网络将数据上传至汇聚节点。物联网传感器分为微功率无线传感器（μW 级）、低功耗无线传感器（mW 级）、有线传感器三类。

数据汇聚层：由汇聚节点、接入节点等网络节点设备组成，用于构成全覆盖的传感器网络，实现一定范围内传感器数据的汇聚、边缘计算与上传。汇聚节点是微功率传感器的接入装置，具有数据中继传输、数据回程传输以及简单边缘计算功能；用于小范围内的数据汇聚和设备控制。接入节点是传感器和节点设备的整体接入装置，具备复杂边缘计算功能和设备管理功能，用于各级感知、节点设备的汇聚和控制。传感器网络包括微功率/低功耗无线传感网、有线传输网络。

其中，微功率无线传感网应遵循 Q/GDW 12020—2019《输变电设备物联网微功率无线网通信协议》，用于将微功率传感器数据上传至网络节点；低功耗无线传感网应遵循 Q/GDW 12021—2019《输变电设备物联网节点设备无线组网协议》，用于实现低功耗无线传感器的数据上传和节点设备间的无线组网，同时用于节点设备对传感数据实现边缘计算。

（2）网络层

网络层由接入控制器和接入网关等设备组成，用于实现感知层与平台层间广域范

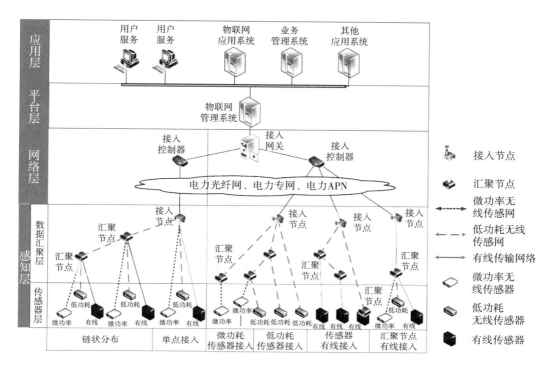

图 2-5 输变电设备物联网整体架构图

围内的数据传输。网络层通常采用电力无线专网、电力 APN 通道、电力光纤网等成熟技术，为输变电设备物联网提供高可靠、高安全、高带宽的数据传输通道。

（3）平台层

平台层是输变电设备物联网管理应用平台，分为平台管理层与平台应用层。

平台管理层由输变电设备物联网管理系统组成，主要用于对物联网各类传感器及节点设备进行管理、协调与监控，具备物联网边缘计算配置功能，可实现网络节点设备边缘计算算法远程配置。

平台应用层由输变电设备物联网数据应用系统、各业务管理系统等组成，用于数据高级应用与运检业务管理。针对传感数据类型多、诊断算法多样化的业务需求，平台应用层部署开放式算法扩展坞，建立统一算法 I/O 接口，实现神经网络等算法模块标准化调用，为电网运检智能化分析管控系统和全业务数据中心等平台提供业务数据和分析结论。

2.2.4 新一代二次系统架构

2020 年 6 月，国家电网调度控制中心、设备部与中国电力科学研究院（以下简称中国电科院）联合制定了《自主可控新一代变电站二次系统总体方案》。方案以"自主可控、安全可靠、先进适用、集约高效"为总体导则，继承和发展现有智能变电站设计、建设及运行等成果经验，全面开展自主可控新一代变电站二次系统建设。构建二次系统优化四大支撑体系，规划二次系统业务功能定位，优化二次系统整体架构，开展数据采集与传输、模型及业务功能优化、设备可靠性、安全防护、二次系统运行状态评价等方面的核心技术研究。

根据总体要求，简化网络架构，对在线监测装置过程层的 IED 装置数量和网络层级进行优化研究，对各类在线监测装置内原有架构下"传感器＋IED"的整体模式进行拆分，取消在线监测装置内 IED 装置，将其按被监测对象整合成监测终端，使过程层架构变为各类在线监测传感器＋智能监测终端的模式。

在线监测系统架构中，对变电站一次设备在线监测采用以变压器、开关、容性设备/避雷器为对象的集中式装置。新一代二次在线监测整体架构，主要包含变压器在线监测装置、开关在线监测装置、容性设备及避雷器在线监测装置，每类在线监测装置包含监测终端和各类前端传感器两部分。

2.3　变电在线监测系统运维

2.3.1　主站业务运维工作

2.3.1.1　台账维护

（1）新建 CAC 台账信息

进入主页菜单栏中，工具栏中包含"新建""删除""修改""导出"等功能，如图 2-6 所示。单击"新建"按钮，系统弹出新建前置子系统（CAC）台账，"设备编码"由系统自动生成，"系统名称""生产厂家""投运日期""采集周期""专业性质""服务地址"按台账申请表输入表单，单击"保存"完成前置子系统（CAC）台账的新建，如图 2-6、图 2-7 所示。

	设备编码	系统名称	生产厂家	投运日期	采集周期(分)	专业性质	服务地址
	12M00000000105803	贵阳路变CAC	河南中分仪器股份有限公司	2022-12-05		变电	5234
	12M00000000105901	疏港变CAC	国电南京自动化股份有限公司	2022-12-06		变电	6345
	12M00000001108799	中心变CAC(上海…	上海思源光电有限公司	2023-02-24		变电	1237
	12M00000001088841	双塔变CAC	上海思源光电有限公司	2023-02-24		变电	1256
	29M00000000002344	栏杆变CAC	宁波理工监测设备有限公司	2019-12-11		变电	1658
	29M00000000002401	恒兴变CAC	上海精鼎电力科技有限公司	2019-12-12		变电	1351
	29M00000000002661	夏湖变CAC	上海精鼎电力科技有限公司	2019-12-23		变电	9651
	29M00000000002703	五里桥变CAC	上海精鼎电力科技有限公司	2019-12-24		变电	4848
	29M00000000002742	锦绣变CAC1	安徽迪远软件有限公司	2019-12-30		变电	9110
	29M00000000002364	琴翼变CAC	上海精鼎电力科技有限公司	2019-12-11		变电	9622
	12M00000000044686	含山变CAC	上海精鼎电力科技有限公司	2021-03-24		变电	5559
	29M00000000003242	天长变CAC	上海精鼎电力科技有限公司	2020-01-08		变电	4196
	29M00000000003562	秋浦变CAC	宁波理工监测设备有限公司	2021-10-09		变电	1515
	29M00000000003541	常青变CAC	安徽迪远电网技术有限责任公司	2022-09-06		变电	9985
	29M00000000003542	滨湖变CAC	宁波理工监测设备有限公司	2020-04-26		变电	6215
	29M00000000003546	操镇变CAC	宁波理工监测设备有限公司	2020-04-26		变电	9875
	29M00000000003701	东庄变CAC1	上海精鼎电力科技有限公司	2020-05-12		变电	6654
	29M00000000004161	金家岭变CAC	宁波理工监测设备有限公司	2020-06-11		变电	3437
	29M00000000004901	乐土变CAC	福建和盛高科技产业有限公司	2020-08-06		变电	6298
	12M00000000006507	毛庄变CAC	上海欧衫电力监测设备有限公司	2020-10-20		变电	3581

系统导航 ▼　监督评价中心 > 状态监测三期 > 监测装置管理 > 前置子系统管理

新建　删除　修改　导出

图 2-6　前置子系统管理

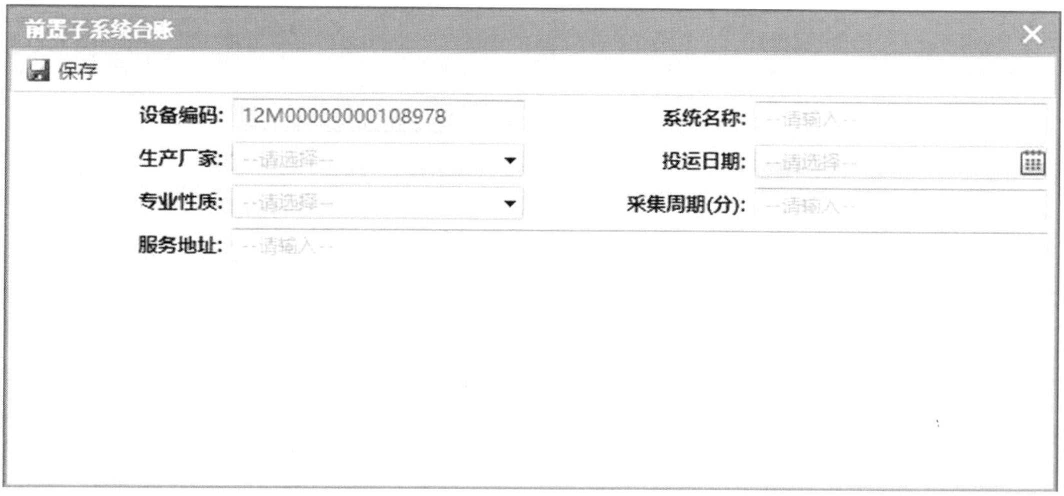

图 2-7　前置子系统台账

（2）新建变电物理装置台账信息

进入主页菜单栏中，界面左侧是变电站、一次设备导航树，右侧是监测装置设备列表和扩展参数列表，列表上方为常用工具栏，其中包括"新建""修改""删除"等一系列操作按钮，主要用来对监测装置设备进行编辑操作（图 2-8）。新建在线监测物理装置：在左侧导航树上选择一次设备后，单击工具栏上的"新建"按钮，系统弹出变电物理装置信息表单，"被监测设备名称""变电站名称""物理装置编码"等信息由系统自动生成，"所属 CAC"根据实际对应选择，"装置类别"选择"状态监测装置"，再手动输入其余信息，点击"保存"，完成变电物理装置台账的新建，如图 2-8 和 2-9 所示。

图 2-8　变电装置台账维护

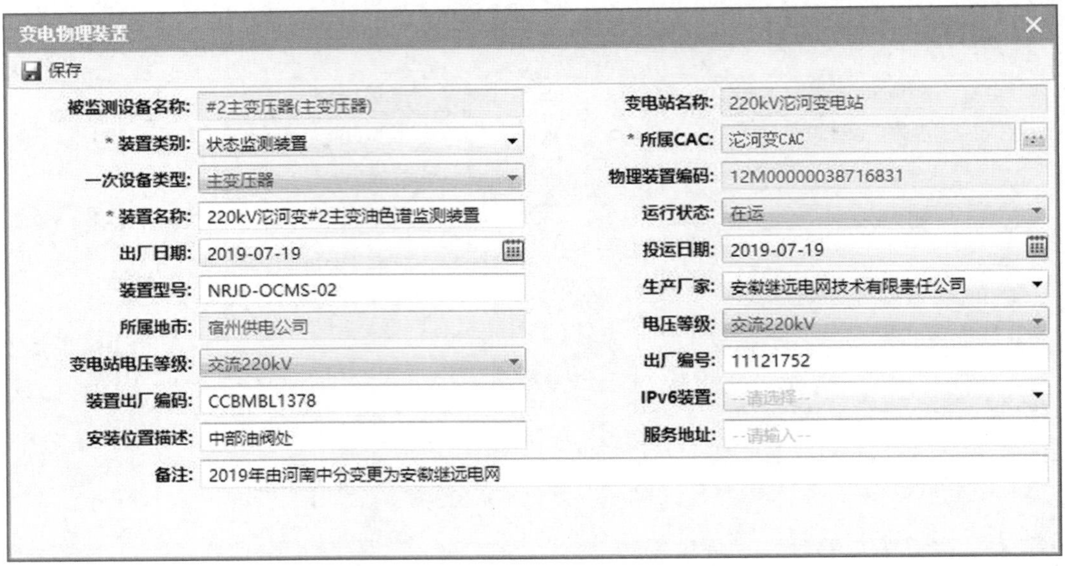

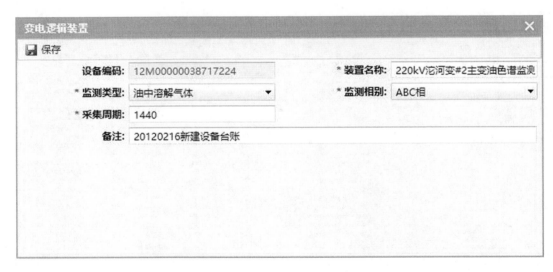

图 2 - 9　新建变电物理装置台账

（3）新建在线监测装置逻辑台账信息

在左侧导航树上选择一次设备下的逻辑装置后，单击工具栏上的"新建"按钮，系统弹出变电逻辑装置信息，"设备编码"由系统自动生成，"监测类型"根据实际情况进行选择，再手动输入其余信息，点击"保存"，完成变电逻辑装置台账的新建，如图 2 - 10 所示。

图 2 - 10　新建变电逻辑装置台账

（4）扩展参数初始化

在逻辑装置页面（图 2 - 11）中选中逻辑装置，点击"扩展参数初始化"，根据不同监测类型填写扩展参数，点击"保存"，完成逻辑装置扩展参数初始化。

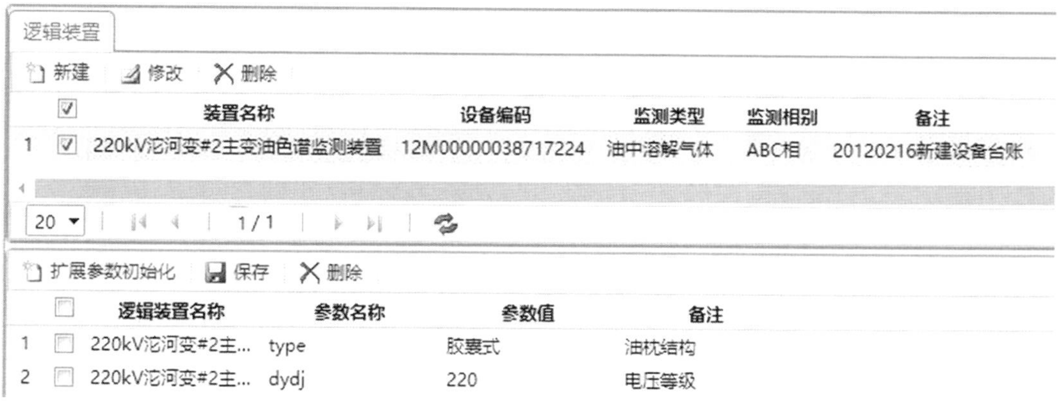

图2-11　逻辑装置列表

2.3.1.2　数据接入

监测装置接入投运及退役管理流程如图2-12所示，具体如下：

1）监测装置现场安装调试完成后，由超高压公司/地市供电公司运检部按管辖范围组织验收、进行PMS2.0设备台账录入。

2）超高压公司/地市供电公司运检部按管辖范围向主站提交接入主站申请和相关备案材料。

3）主站对接入材料和相关设备材料进行审核并判断是否符合接入条件。对备案材料不完善的可要求申请单位补充完善；对不符合接入条件的申请退回申请单位，申请单位整改完善后再重新提交接入申请。对符合接入条件的单位，负责组织人员同接入申请单位完成接入测试工作，省/市信通公司等其他相关单位予以配合。

4）监测装置完成接入后即纳入一年试运行，试运行考核通过后则转入正式运行，若试运行未通过考核，则按照国网公司有关规定转入换货、退货流程。

5）若监测装置投入正式运行后，由于年久失修或装置损坏，运维单位判断无法修理和更换，或者监测装置由于各种原因无须再服役，经设备运维单位管理部门审核批准后可退出运行。

6）省级电力科学研究院（以下简称省电科院）负责将退役监测装置的接入记录从主站系统中删除，并及时抄送网省公司设备部和省调控中心等部门。设备运维单位负责从PMS2.0中删除设备相关台账。

7）退出运行的监测装置由设备运维单位按照实物资产管理的相关规定处理。

2.3.1.3　告警处理

在线监测告警处理流程如图2-13所示，具体流程如下：

1）以油色谱装置告警为例，系统推送告警信息后，主站立即核实告警信息，查看装置历史数据，分析告警数据增量变化。

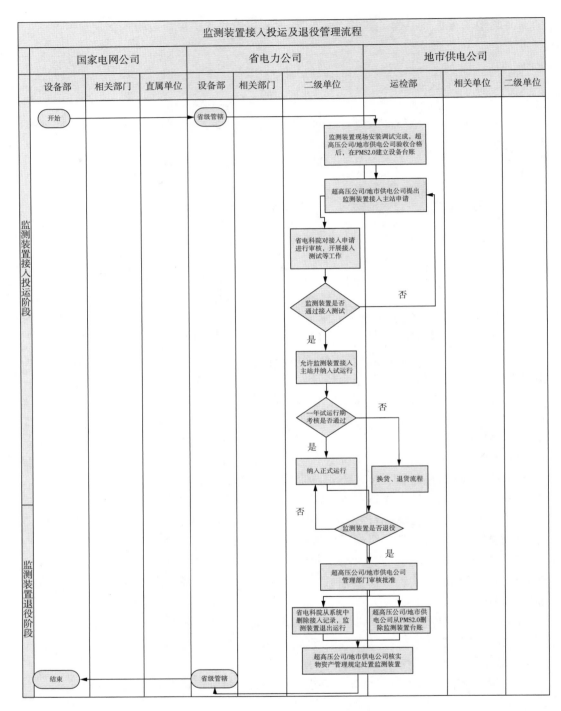

图 2-12　监测装置接入投运及退役管理流程

2）通过远程诊断访问油色谱装置，调取并分析日志和原始谱图，确认装置运行状态。

3）排除装置自身的原因后，立即启动装置复测，复测结果报送省电科院和地市供

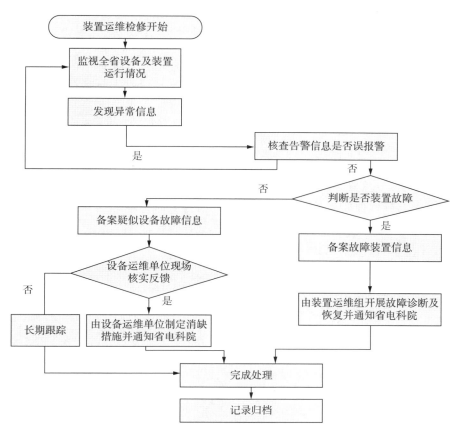

图 2-13　在线监测告警处理流程

电公司。通知地市供电公司开展离线油样检测，并将检测结果反馈主站，做好相关记录，必要时缩短在线监测周期，并加强数据监测。

4）若日志和谱图出现明显报错，则判断为装置自身存在故障，将告警信息转入缺陷管理，通知地市供电公司校核油色谱装置，并反馈处理结果。

2.3.1.4　缺陷管控

受现场环境复杂、各厂家水平不一等因素影响，因此在线监测装置对设备的运行情况难以把控，获取数据的准确性较差，根据监测数据难以进一步分析设备的运行情况。缺陷管控模块可对装置异常数据进行自动筛查，自动识别标识数据中断、死数据、无效数据、空值等情况，通过多种异常数据判断识别方法，分析处理监测数据，真实反映装置运行状态，提升运行质量。

根据监测数据出现的各种情况，将缺陷类型分为数据异常、数据中断和设备误告警。

数据异常：装置在设置的时间范围内数据没有变化，则判定该装置出现死数据缺陷。装置某一关键监测量出现 0 时，判定该装置出现不合理数据缺陷。金属氧化物避雷器在线监测：阻性电流/全电流范围在（0～0.2）之间。油中溶解气体在线监测：（甲烷＋乙烷＋乙烯＋乙炔）/总烃的范围在（0.95～1.05）之间。上述两者监测量如果超出范围均判定为不合理数据缺陷。

数据中断：针对装置进行定时分析，在 24h 内至少上传一条数据，完成装置状态的实时更新，免除人工进行繁复性工作。

设备误告警：因装置本身模块或配件问题而出现告警时，判定该装置为设备误告警缺陷。

1）主站在系统中进行日常装置巡视、告警监视工作，及时发现在线监测装置数据异常/中断等缺陷。

2）主站确认缺陷后，录入系统缺陷管理模块。首先对缺陷原因进行分析，利用远程诊断访问 CAC 及装置，通过查看日志、谱图分析、修改配置参数等手段，研判故障原因，同时对部分软件故障进行消缺。将缺陷明细及故障原因通报至各单位，要求及时处理。

3）超高压公司/地市供电公司班组根据缺陷报表，制订消缺计划，明确消缺时间，及时将消缺结果反馈项目组。

4）根据消缺处理结果，核实并记录在主站系统缺陷管理模块中，完成闭环。

2.3.2 主站系统运维工作

2.3.2.1 服务器巡视

服务器应由专人负责统一管理和日常维护，未经允许，不得擅自操作。为了保证主站系统正常、有序、安全、高效地运行，提升工作效率，保障整个系统运行稳定，应对服务器开展日常巡视并填写日常巡视记录表（表 2-1）。巡视内容应包含服务器文件、服务器资源、日志与告警信息、应用程序、数据库和服务器系统安全。

表 2-1 服务器巡视记录表

服务类别	主机名	服务器 IP	CPU 使用率 /%	内存 使用率 /%	根目录 使用率 /%	应用程序服务状态				备注
						ORACLE 服务	监听 程序	WEB LOGIC	日志是 否异常	
输变电 状态 监测 服务器	数据库服务器 1	10.138.246.11	4.21	70.01	57	正常	正常	—	正常	—
	数据库服务器 2	10.138.246.13	5.77	77.44	27	正常	正常	—	正常	—
	接口服务 1	10.138.117.35	0.57	75.5	27	—		正常	正常	—
	接口服务 2	10.138.117.36	0.42	75.59	27	—		正常	正常	—
	调度任务 1/GIS	10.138.118.59	0.85	47.94	25	—		正常	正常	—
	调度任务 2/GIS	10.138.118.60	0.85	98.84	70	—		正常	正常	—
	变电 CAG1	10.138.19.71	1.07	98.14	57	—		正常	正常	—
	变电 CAG2	10.138.19.72	7.49	98.18	25	—		正常	正常	—
巡视总结 与 处理措施	—									

（1）服务器文件巡视

服务器文件巡视流程如下：

1）检查重要的系统文件和配置文件是否有异常变化或被篡改，重要文件是否都有进行备份。

2）对文件系统进行修复性检查。根据备份，恢复被不当修改的文件系统。

（2）服务器资源巡视

服务器资源巡视流程如下：

1）检查服务器资源使用情况，查看服务器 CPU 使用率、内存使用率和交换区使用情况是否存在异常，资源使用占比长期处于高位时应对其进行扩容。可根据服务器操作系统的类型选择相应的查看方式。Linux 系统可使用 TOP 等命令查看 CPU 使用率、内存使用率和交换区使用情况，如图 2-14 所示。

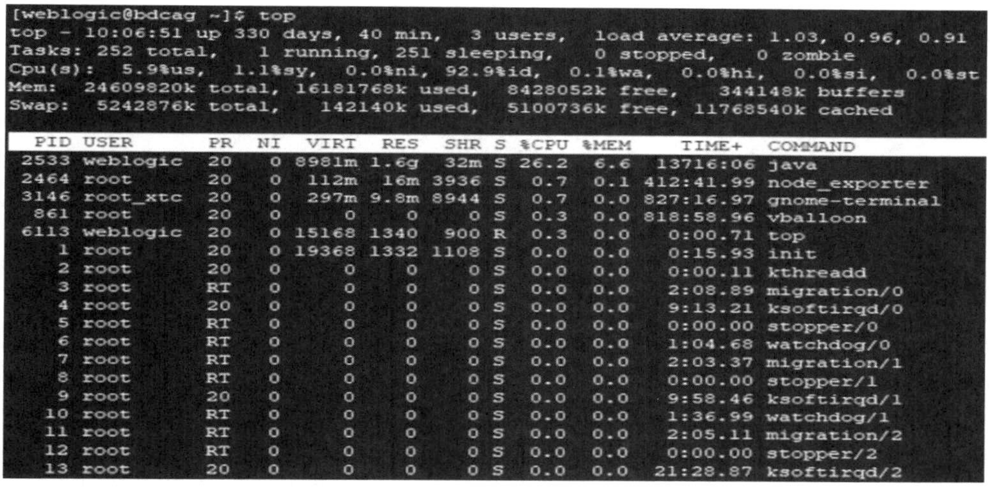

```
[weblogic@bdcag ~]$ top
top - 10:06:51 up 330 days, 40 min,  3 users,  load average: 1.03, 0.96, 0.91
Tasks: 252 total,   1 running, 251 sleeping,   0 stopped,   0 zombie
Cpu(s):  5.9%us,  1.1%sy,  0.0%ni, 92.9%id,  0.1%wa,  0.0%hi,  0.0%si,  0.0%st
Mem:  24609820k total, 16181768k used,  8428052k free,   344148k buffers
Swap:  5242876k total,   142140k used,  5100736k free, 11768540k cached

  PID USER      PR  NI  VIRT  RES  SHR S %CPU %MEM    TIME+  COMMAND
 2533 weblogic  20   0 8981m 1.6g  32m S 26.2  6.6  13716:06 java
 2464 root      20   0  112m  16m 3936 S  0.7  0.1 412:41.99 node_exporter
 3146 root_xtc  20   0  297m 9.8m 8944 S  0.7  0.0 827:16.97 gnome-terminal
  861 root      20   0     0    0    0 S  0.3  0.0 818:58.96 vballoon
 6113 weblogic  20   0 15168 1340  900 R  0.3  0.0   0:00.71 top
    1 root      20   0 19368 1332 1108 S  0.0  0.0   0:15.93 init
    2 root      20   0     0    0    0 S  0.0  0.0   0:00.11 kthreadd
    3 root      RT   0     0    0    0 S  0.0  0.0   2:08.89 migration/0
    4 root      20   0     0    0    0 S  0.0  0.0   9:13.21 ksoftirqd/0
    5 root      RT   0     0    0    0 S  0.0  0.0   0:00.00 stopper/0
    6 root      RT   0     0    0    0 S  0.0  0.0   1:04.68 watchdog/0
    7 root      RT   0     0    0    0 S  0.0  0.0   2:03.37 migration/1
    8 root      RT   0     0    0    0 S  0.0  0.0   0:00.00 stopper/1
    9 root      20   0     0    0    0 S  0.0  0.0   9:58.46 ksoftirqd/1
   10 root      RT   0     0    0    0 S  0.0  0.0   1:36.99 watchdog/1
   11 root      RT   0     0    0    0 S  0.0  0.0   2:05.11 migration/2
   12 root      RT   0     0    0    0 S  0.0  0.0   0:00.00 stopper/2
   13 root      20   0     0    0    0 S  0.0  0.0  21:28.87 ksoftirqd/2
```

图 2-14　服务器资源使用情况检查

2）检查系统进程如图 2-15 所示，有无异常进程存在，若出现异常进程时应及时处理。根据服务器操作系统类型不同而使用不同的方法查看，Linux 系统可使用 ps-ef 指令，Windows 系统可通过任务管理器查看。

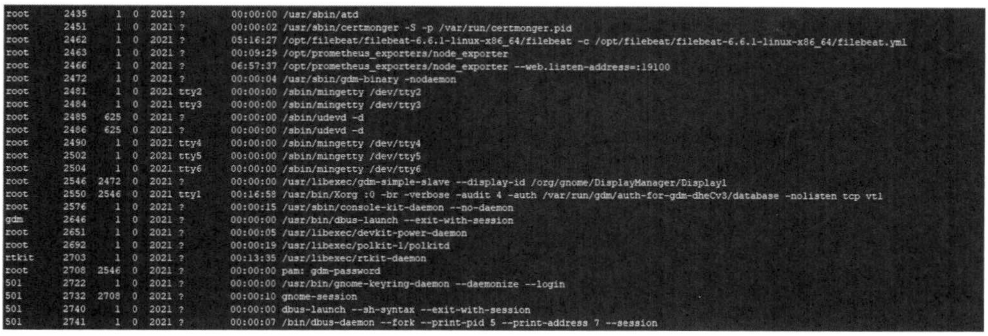

```
root      2435     1  0 2021 ?        00:00:00 /usr/sbin/atd
root      2451     1  0 2021 ?        00:00:02 /usr/sbin/certmonger -S -p /var/run/certmonger.pid
root      2462     1  0 2021 ?        05:16:27 /opt/filebeat/filebeat-6.6.1-linux-x86_64/filebeat -c /opt/filebeat/filebeat-6.6.1-linux-x86_64/filebeat.yml
root      2463     1  0 2021 ?        00:09:29 /opt/prometheus_exporters/node_exporter
root      2466     1  0 2021 ?        06:57:37 /opt/prometheus_exporters/node_exporter --web.listen-address=:19100
root      2472     1  0 2021 ?        00:00:04 /usr/sbin/gdm-binary -nodaemon
root      2481     1  0 2021 tty2     00:00:00 /sbin/mingetty /dev/tty2
root      2484     1  0 2021 tty3     00:00:00 /sbin/mingetty /dev/tty3
root      2485   625  0 2021 ?        00:00:00 /sbin/udevd -d
root      2486   625  0 2021 ?        00:00:00 /sbin/udevd -d
root      2490     1  0 2021 tty4     00:00:00 /sbin/mingetty /dev/tty4
root      2502     1  0 2021 tty5     00:00:00 /sbin/mingetty /dev/tty5
root      2504     1  0 2021 tty6     00:00:00 /sbin/mingetty /dev/tty6
root      2546  2472  0 2021 ?        00:00:00 /usr/libexec/gdm-simple-slave --display-id /org/gnome/DisplayManager/Display1
root      2550  2546  0 2021 tty1     00:16:58 /usr/bin/Xorg :0 -br -verbose -audit 4 -auth /var/run/gdm/auth-for-gdm-dheCv3/database -nolisten tcp vt1
root      2576     1  0 2021 ?        00:00:15 /usr/sbin/console-kit-daemon --no-daemon
gdm       2646     1  0 2021 ?        00:00:00 /usr/bin/dbus-launch --exit-with-session
root      2651     1  0 2021 ?        00:00:05 /usr/libexec/devkit-power-daemon
root      2692     1  0 2021 ?        00:00:19 /usr/libexec/polkit-1/polkitd
rtkit     2703     1  0 2021 ?        00:13:35 /usr/libexec/rtkit-daemon
root      2708  2546  0 2021 ?        00:00:00 pam: gdm-password
501       2722     1  0 2021 ?        00:00:00 /usr/bin/gnome-keyring-daemon --daemonize --login
501       2732  2708  0 2021 ?        00:00:10 gnome-session
501       2740     1  0 2021 ?        00:00:00 dbus-launch --sh-syntax --exit-with-session
501       2741     1  0 2021 ?        00:00:07 /bin/dbus-daemon --fork --print-pid 5 --print-address 7 --session
```

图 2-15　系统进程检查

3）检查服务器的磁盘空间使用率，查看剩余空间是否充足，保证服务器有足够的剩余空间存放系统日志和程序日志，应定期清理服务器上留存较久远的备份文件，释放磁盘空间，Linux 系统可使用 df - h 命令查看服务器的磁盘空间使用率，如图 2 - 16 所示。

```
Last login: Fri Oct 14 09:53:24 2022 from 10.138.20.200
[weblogic@bdcag ~]$ df -h
Filesystem            Size  Used Avail Use% Mounted on
/dev/mapper/VolGroup-lv_root
                      44G   14G   28G  34% /
tmpfs                 12G  228K   12G   1% /dev/shm
/dev/vda1            477M   69M  383M  16% /boot
/dev/mapper/vg_app-lv_app
                      98G  9.7G   83G  11% /app/log
```

图 2 - 16　服务器的磁盘空间使用率检查

4）服务器网络流量监控。使用监控工具监控服务器的网络流量是否在正常合理的范围，如图 2 - 17 所示。

linux网卡	主机名	网络接收流量	网络发送流量	网络进出口流量总数
lo	10.138.19.72:19100	0 b/s	0 b/s	0 b/s
lo	10.138.19.71:19100	0 b/s	0 b/s	0 b/s
lo	10.138.118.60:19100	0 b/s	0 b/s	0 b/s
lo	10.138.118.59:19100	0 b/s	0 b/s	0 b/s
lo	10.138.117.36:19100	0 b/s	0 b/s	0 b/s
lo	10.138.117.35:19100	0 b/s	0 b/s	0 b/s
eth0	10.138.19.72:19100	4.92 Mb/s	2.62 Mb/s	7.54 Mb/s
eth0	10.138.19.71:19100	589.83 kb/s	305.29 kb/s	895.12 kb/s
eth0	10.138.118.60:19100	178.73 kb/s	84.34 kb/s	263.07 kb/s
eth0	10.138.118.59:19100	7.92 kb/s	3.24 kb/s	11.16 kb/s
eth0	10.138.117.36:19100	36.08 kb/s	775.47 kb/s	811.55 kb/s
eth0	10.138.117.35:19100	895.82 kb/s	5.03 Mb/s	5.92 Mb/s

图 2 - 17　服务器网络流量监控

（3）日志与告警巡视

日志与告警巡视流程如下：

1）检查服务器操作系统日志信息，查看日志是否有异常报错或告警信息，如图 2 - 18 所示。同时应对服务器中冗余的系统日志进行清理，日志中出现的异常报错或告警信息应及时向相应人员进行反馈。日志应对系统的修改和重大事件进行记录。

图 2 - 18　服务器操作系统日志信息检查

2）检查应用程序日志，查看应用程序日志信息，确认业务数据交互和应用程序运行是否正常。如果有异常报错信息，应立即对报错信息进行分析，找出原因并及时处理。

3）在机房巡视服务器时，应查看服务器上的报警指示灯有无闪烁。

（4）应用程序巡视

应用程序巡视流程如下：

1）登录 weblogic 控制台里查看 weblogic 中间件运行状态（图 2-19）、中间件资源使用情况（图 2-20），在服务器查看应用程序进程是否正常存在（图 2-21）。

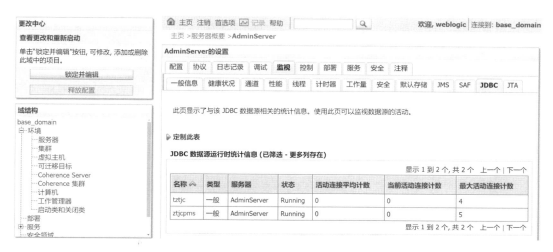

图 2-19　中间件运行状态检查

图 2-20　中间件资源使用情况检查

图 2-21　应用程序进程情况

2）检查中间件的默认账户是否处于禁用状态。

3）检查中间件口令周期设置情况，建议设置更改周期为 3 个月。

4）检查锁定阈值与登录次数限制策略配置情况，建议设置为登录错误 5 次时暂时锁定该用户，在设定时间内禁止该用户登录。

5）检查中间件的补丁包是否为最新的补丁包，防止恶意用户利用已知漏洞进行攻击。

6）检查中间件示例域及非必须服务是否删除或关闭。

（5）数据库巡视

数据库巡视流程如下：

1）数据库状态检查，检查数据库服务运行状态（图 2 - 22）和表空间使用率（图 2 - 23）。表空间使用率不宜高于 90%，使用率过高时应对历史冗余数据进行清理或对服务器进行扩容。

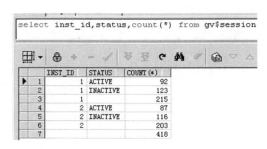

图 2 - 22 数据库服务运行状态检查

```
SQL | Output | Statistics |
----表空间使用率
SELECT UPPER(F.TABLESPACE_NAME) "表空间名",
       D.TOT_GROOTTE_MB "表空间大小(M)",
       D.TOT_GROOTTE_MB - F.TOTAL_BYTES "已使用空间(M)",
       TO_CHAR(ROUND((D.TOT_GROOTTE_MB - F.TOTAL_BYTES) / D.TOT_GROOTTE_MB * 100,
              2)) "使用率(%)",
       F.TOTAL_BYTES "空闲空间(M)",
       F.MAX_BYTES "最大块(M)"
```

	表空间名		表空间大小(M)	已使用空间(M)	使用率(%)		空闲空间(M)	最大块(M)
1	TILEDATA	...	2396160	2109574.19	88.04	...	286585.81	3968
2	CMSS_GISDISCHARGE	...	389120	330114	84.84	...	59006	3968
3	CMSS_AIRPRESSURE	...	307200	254468.06	82.83	...	52731.94	3968
4	MWS_APP	...	737280	602030.19	81.66	...	135249.81	3968
5	SYSTEM	...	10240	914.75	8.93	...	9325.25	3968
6	CMSS_WEATHER	...	30720	24384.5	79.38	...	6335.5	3392
7	NR_VSP	...	51200	37906.19	74.04	...	13293.81	3968
8	CMSS_LIGHTNINGROD	...	122880	89346.87	72.71	...	33533.13	3968
9	JKTBS	...	30720	21383.87	69.61	...	9336.13	3968
10	CMSS_SOLUBLEGAS	...	20480	12808.94	62.54	...	7671.06	3968
11	CMSS_LINESAG	...	2048	139	6.79	...	1909	1905
12	OP_LOG_SPACE1	...	10240	689	6.73	...	9551	3968
13	UUMSV2	...	5120	331.25	6.47	...	4788.75	3637
14	SDXLXJZNXT	...	10240	6058.06	59.16	...	4181.94	2303
15	VISU_TBS	...	30720	18007.37	58.62	...	12712.63	3968
16	CMSS_ICETHICKNESS	...	10240	5279.81	51.56	...	4960.19	2657
17	CMSS_IHDATA	...	10240	5128.94	50.09	...	5111.06	2808
18	CMSS_WINDAGEYAW	...	2048	119.75	5.85	...	1928.25	1928
19	CMSS_OILTEMPERATURE	...	2048	114.87	5.61	...	1933.13	1933

图 2 - 23 表空间使用率检查

2）检查数据库监听状态，发生数据库监听状态异常时需立即进行处理。

3）检查数据库表是否存在锁表情况，如有锁表情况应及时进行解除。

4）检查数据库备份策略是否满足容灾的需要，应添加异地备份。

（6）系统安全巡视

系统安全巡视如下：

1）检查是否采用加密的安全方式进行远程管理，及时更新操作系统补丁。

2）检查数据库、中间件等非操作系统账户是否能根据业务需求进行权限设置。设置账户/口令文件及目录访问权限。

3）检查操作系统自带的非必须账户是否已锁定。账号口令复杂度及更换周期应满足设定要求：必须由大小写字母、数字加特殊字符组合而成且超过8位，还须每季更换。

4）检查是否设置了超时退出、非法登录次数限制。

5）检查系统默认的安全配置参数是否已调整，安装防病毒软件，修改默认文件权限，关闭非必要服务。

6）检查日志记录功能是否开启，定期备份日志信息或配置日志服务器对日志进行归档，设置日志文件属性。

7）检查服务器的主机访问策略配置情况，只容许业务需求范围内的服务器IP地址段才能访问。

2.3.2.2 系统升级

在系统功能需求变化、功能优化或系统运行过程中出现"BUG"时，应将相关需求以问题清单记录表的方式提交开发人员，开发人员完成所提交问题的程序开发，测试验证提交的问题已解决后，开展系统升级。系统升级流程如图2-24所示。

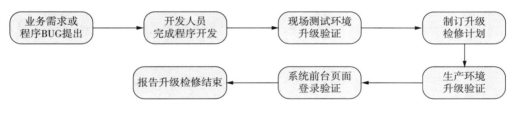

图2-24 系统升级流程

具体流程如下：

1）现场运维人员将业务需求或者程序BUG以问题清单记录表的方式提交开发人员，详见表2-2。

表2-2 问题清单记录表

各专业填写上报									
编号	上报单位	一级菜单	二级菜单	专业	描述	差异说明	紧急程度	提出人	联系方式

2) 系统正式升级前需在测试环境中进行测试验证。测试验证正常后，填写测试验证报告，并将问题清单验证结果表反馈开发人员，详见表2-3。

表2-3 问题清单验证结果表

解决问题清单												
问题编号	编证单位	一级菜单	二级菜单	三级菜单	四级菜单	描述	差异说明	所属专业	专业负责人	是否通过	开发小组	备注

3) 系统生产环境升级前需制订升级检修计划，升级检修时间应选在系统业务流量最小的时间段进行。

4) 升级检修前制订检修工作计划，工作计划包含测试验证报告、检修备份方案、检修方案、检修验证方案和应急回退方案。

5) 检修工作计划提交业务主管部门和系统主管部门负责人审核通过后，方可在检修时间段内开展系统升级检修操作，整个系统升级过程按检修方案内容执行。

6) 登录系统前台页面验证系统功能，查看数据上传是否正常，展示页面如图2-25所示。

7) 业务功能验证完成后，检查确认服务器的应用程序、中间件和数据库等运行正常后，向相关部门报告升级检修结束。

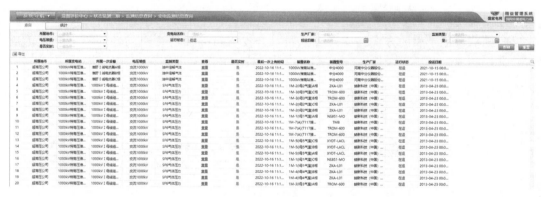

图2-25 系统前台页面

2.4 典型故障处理及案例分析

在线监测装置接入主站过程异常：2022年6月20日，主站项目组收到一封邮件，发件人为安庆供电公司专责，邮件内容为220kV先锋变电站新建台账申请。台账新建完成后，导出台账明细并回复至原邮箱，由现场人员进行接入调试。根据站内工作人员反馈，台账编码已配置结束，但CAC数据无法上传至变电CAG，申请主站协助排查故障原因。主站检查台账新建无误，调用服务器日志报文，找到错误代码描述为"调

常见变电在线监测装置运维技术

用服务代码失败，数据无法保存到数据库"（图2-26），告知至站内工作人员后，经过排查各接入流程，最终发现变电设备编码缺少数字，导致服务器调用失败。重新核对台账信息后，数据上送PMS正常，接入工作结束。

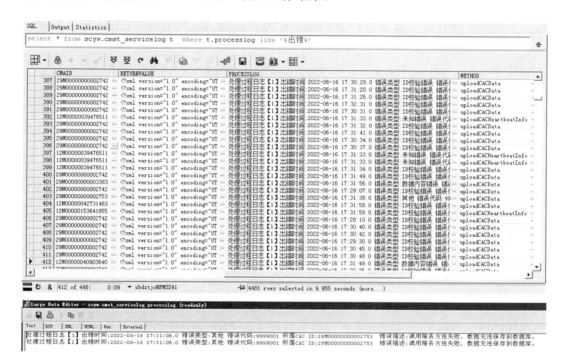

图2-26　主站系统数据库日志表记录

第3章　变压器油中溶解气体在线监测装置运维技术

3.1　概　述

油中溶解气体分析技术是基于色谱法的发展。色谱法是 1903 年由植物学家米哈伊尔·茨维特创立的；1952 年，马丁（A. J. P. Martin）、辛格（R. L. M. Sgnge）及詹姆斯（A. T. James）等人在色谱法的基础上首先建立气相色谱法，奠定了油中溶解气体分析技术的理论基础。气相色谱法，建立距今虽仅有半个多世纪的历史，但由于其具有分离效能高、分析速度快、定量结果准、易于自动化等特点，已经成为检测有机化合物的重要分析手段。

20 世纪 60 年代初，美国已使用可燃性气体总量（TCG）检测装置来测定变压器储油柜油面上的自由气体，以判断变压器的绝缘状态。但在潜伏性故障阶段，分解气体大部分溶于油中，因此这种装置不能检测潜伏性故障。针对这一局限性，日本等国研究使用气相色谱仪，在分析自由气体的同时，进一步分析油中溶解气体，提升早期故障的发现能力，但仍存在试验时间长等缺点，无法实现在线连续监测。20 世纪 70 年代中期，能使油中气体分离的高分子塑料渗透膜的发明和应用，解决了在线连续监测问题。20 世纪 70 年代末以来，日本研制了油中 H_2、三组分气体（H_2、CO、CH_4）和六组分气体（H_2、CO、CH_4、C_2H_2、C_2H_4、C_2H_6）的油中气体监测装置。加拿大于 1975 年研制成功了油中气体分析的在线监测装置，随之由 Syprotec 公司开发为正式产品，即变压器早期故障监测器。

变压器油色谱在线监测装置是在现场直接对变压器进行油色谱在线监测并进行故障判断，这样可以及时掌握变压器的运行状态并发现存在的故障。与传统的油色谱分析相比，油色谱在线监测系统大大降低了检测周期，变压器油色谱在线监测改变了原有的检修方式，不仅提高了变电站运行的管理水平，还将原有的预防检修方式改变为预知检修方式，从而大大提高了设备的使用寿命，减少了故障的发生率。目前，安徽省输变电设备状态监测系统已接入油色谱装置共计 814 台，涉及 16 个地市 325 座变电站，包括 1000kV 变电站 30 台，500kV 变电站 227 台，220kV 变电站 523 台，110kV 变电站 34 台。

3.2 技术原理

油中溶解气体检测技术按照工作原理分为气相色谱法、光声光谱法、红外光谱法等。按照不同原理生产的检测仪器分别称为气相色谱仪、光声光谱仪、红外光谱仪等。目前油中溶解气体检测主要采用气相色谱法和光声光谱法。

3.2.1 气相色谱法

气相色谱法（也称色谱分析、色层法、层析法）：是一种物理分离方法，它利用混合物中各物质在两相间分配系数的差别的原理，即当溶质在两相间做相对移动时各物质在两相间进行多次分配，从而使各组分得到分离。实现这种色谱法的仪器就叫色谱仪。

气相色谱法的分离原理主要是当混合物在两相间作相对运动时，样品各组分在两相间进行反复多次的分配，不同分配系数的组分在色谱柱中的运行速度不同，滞留时间也就不一样。分配系数小的组分会较快地流出色谱柱；分配系数愈大的组分就愈易滞留在固定相间，流过色谱柱的速度较慢。这样，当流经一定的柱长后，样品中各组分得到了分离。当分离后的各个组分流出色谱柱而进入检测器时，记录仪就记录出各个组分的色谱峰（图 3-1）。

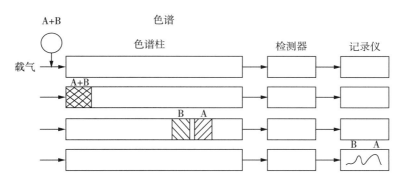

图 3-1　混合气体在色谱柱里的分离

气相色谱法具有许多化学分析法无可与之比拟的优点：分离效能高，分析速度快，样品用量少，灵敏度高，适用范围广等。

色谱型在线监测装置工作流程主要为：主机开机和自检后，启动环境、柱箱、脱气等单元的温控系统，整机稳定后，采集变压器本体油样，并注入脱气装置，实现油气分离；脱出的样品气体组分经色谱柱分离，依次进入检测器；检测计算后的各组分浓度数据通过 RS-485 或光纤通信方式传输到后台监控工作站，可自动生成浓度变化趋势图，并通过专家智能诊断系统进行综合分析诊断，实现变压器故障的在线监测功能，如图 3-2 所示。

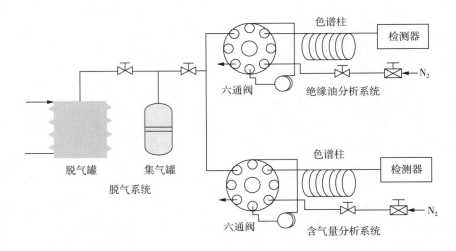

图 3-2　色谱型在线监测装置工作流程示意图

3.2.2　光声光谱法

气体光声效应是由气体分子吸收电磁辐射（如红外辐射等）所致，气体分子按其特征吸收一定量电磁辐射后，导致气体温度上升，部分能量随即以释放热能方式退激，并导致气体及周围介质产生压力波动。若将气体置于密闭容器内，气体的温度变化则产生成比例的压力波。

光声光谱法首先需要确定每种气体特定的分子吸收光谱，从而可对红外光源进行波长调制使其能够激发某一特定气体分子；其次需要确定气体吸收能量后退激产生的压力波强度与气体浓度间的比例关系。

通过选取适当的波长并结合检测压力波的强度，不仅可验证各种气体的存在，并可进一步确定其浓度，甚至对某些混合物或化合物也可做出定性、定量分析，这也正是光声光谱技术的特点。

使用光声光谱技术检测变压器油中溶解气体的基本原理（图 3-3）如下：

1）光源输出稳定的红外光，经以一定频率旋转的调制盘调制，透过不同颜色的滤光片，产生周期性（照射与不照射）的窄带光。

2）对采集到的变压器油进行动态顶空脱气，脱出的气体经气路进入到密封的容器。

3）利用调制出的周期性窄带光对混合气体进行周期性的激发，利用不同气体拥有特定的吸收波长的特性，每一种经调制的窄带光可使某一种故障气体周期性受激退激，从而产生周期性的温度变化，进而导致周期性的压力变化。

4）利用气室两端的高灵敏度微音器（相当于麦克风）探测这种压力的变化，将其转化成电信号，通过混合气体浓度与电信号之间的对应关系以及计算方法，得出某一种故障气体的浓度。

综上所述，其检测过程主要为两个方面，一方面是通过使用不同的滤光片选择窄带光，激发某一种气体，从而实现对故障气体的定性检测，即检测哪一种为故障气体；另一方面是通过找到光声效应产生的电信号与气体浓度间的关系，从而实现对故障气体的定量检测，即检测具体该种故障气体的浓度。

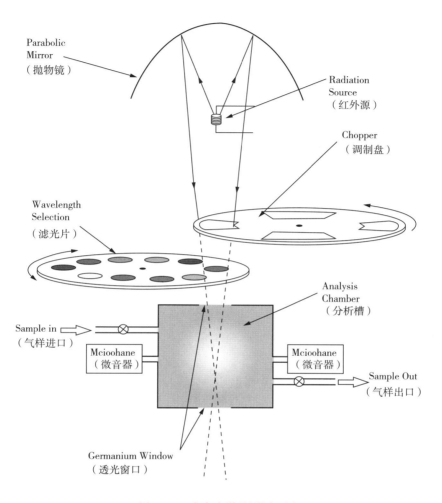

图 3-3　光声光谱监测原理图

　　光声光谱型在线监测装置工作流程主要为：为避免气路中可能存有的油蒸气在温度较低的 PAS 测量模块内凝结，主机开机后，首先自检，然后通电预热；整机稳定后，采集变压器本体油样并注入脱气装置，实现油气分离；脱出的样品气体进入光声池进行检测，各组分浓度的数据通过 RS-485 或光纤通信方式传输到后台监控工作站，可自动生成浓度变化趋势图，并通过专家智能诊断系统进行综合分析诊断，实现变压器故障的在线监测功能，如图 3-4 所示。该监测装置具有载气消耗少、无须高纯载气、分析速度快等优点，但该装置检测器寿命短、稳定性差、灵敏度偏低、价格昂贵，因此不适合大范围的应用。

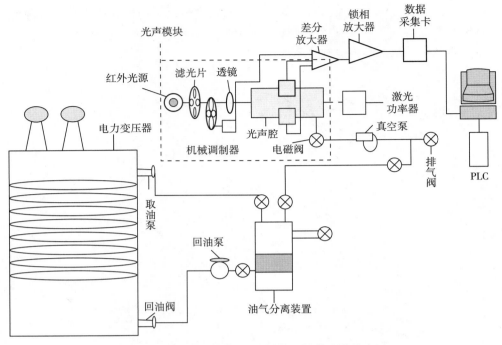

图 3-4　光声光谱型在线监测装置工作流程示意图

3.3　装置结构

变压器油中溶解气体在线监测装置（图 3-5）是安装在油浸式电力变压器（或电抗器）本体上或附近，可对变压器油中溶解气体组分含量进行连续或周期性自动监测的装置。装置主要由油样采集与油气分离部分、气体检测部分、数据采集与控制部分、通信部分和辅助部分组成。

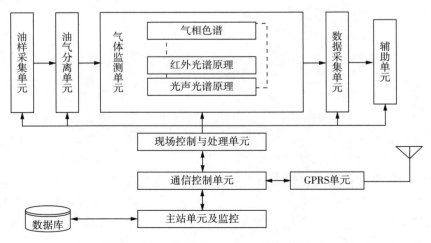

图 3-5　油中溶解气体在线监测装置结构组成

3.3.1 油样采集与油气分离部分

油样采集部分与被监测设备的油箱阀门相连,完成对变压器油的取样。油气分离部分实现油中溶解气体与变压器油的分离。脱气方法包括动态顶空脱气、真空脱气、渗透膜脱气等。

(1)油样采集(图3-6)

油路从变压器主体的出油阀连接到油中溶解气体装置的进油阀,实现变压器油样采集,需要确保法兰和连接处的密封性。

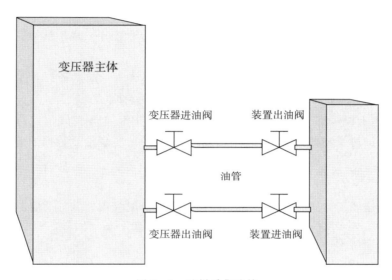

图3-6 油样采集连接

(2)油气分离

油气分离是一个关键过程,无论采取何种方式进行气体组分的检测分析,油气分离效率的好坏都直接影响测试结果的准确性。一般采用渗透膜脱气法、真空脱气法和顶空脱气法等将油中溶解气体从油中分离脱出。油中溶解的气体脱出后,一般经过色谱柱将各种组分按一定的样品保留时间分离开来,为后面的检测器检测各组分提供条件。

3.3.2 气体检测部分

完成油气分离后的混合气体组分含量检测,一般是通过传感器将变电设备的油中气体组分的浓度参数转换为可测的电压或电流量,然后进行信号采集、调理、模数转换和预处理等,形成油中溶解气体测量数据。气体检测方法分为气相色谱法、光声光谱法等。

3.3.3 数据采集与控制部分

通过气体传感器将气体浓度值转换成的电压信号,通过高精度A/D转换器进一步转换成数字序列信号。工业控制计算机（工控计算机）对数字序列信号即谱图进行分析和计算，得到组分浓度数据。

3.3.4 通信部分

通信部分完成本装置与其他装置及系统的通信。要完成主站单元对气体监测单元的通信及控制，应采用现场工业总线方式，将气体监测单元采集和经处理的监测数据通过可靠的通信介质，正确无误地传送到计算机数据处理系统。通信控制单元是专用的通信和控制程序，该程序可运行在专用的通信和控制计算机中，也可运行在主站单元的主计算机中。

1) 如选用 Ethernet 总线接口，监测装置应配置标准以太网接口卡，并安装 TCP/IP 标准网络通信程序，实现信号数据的传输。

2) 如选用 CAN 总线接口，监测装置应配置通用 CAN 网芯片，并编写安装应用层网络通信程序与 CAN 网芯片的驱动程序，实现信号数据的传输。

3) 如选用 RS-485 接口，监测装置应配置通用 RS-485 总线收发芯片，并编写安装自定义网络层协议和链路层协议，公布协议文本等，实现信号数据的传输。

3.3.5 辅助部分

用于保证装置正常工作的其他相关部件，例如恒温控制、载气、管路等。

3.3.6 主站单元及控制软件

主站单元就是计算机数据处理系统。由一台或多台计算机组成，可实现对监测数据的同步测量、通信和远传管理、存储管理、查询显示和分析。主站单元数据处理服务器一般安装在主控制室（主控室），并可接入局域网。

主站单元一般位于变电站主控室，通过通信控制单元及工业控制总线完成对现场监测数据的采集和传输，同时也是本站的监测数据库。

主站单元硬件上一般包括一台或多台工业控制计算机及外围设备、与通信控制单元的接口，以及与其他数据网络的接口。主站系统是全系统的核心，它的安全性和可靠性直接影响全系统的稳定运行，因此电源应采用 UPS 独立供电，通信模板应采用良好的隔离措施，以防止异常干扰电压损坏主机，应有防止主机死机的良好措施。

主站的核心部分在于其软件系统，它负责整个系统的运行控制，接收监测数据，并对数据进行处理、计算、分析、存储、打印和显示，以实现对监测到的设备状态数据的综合诊断分析和处理。另外可通过电力公司的内部局域网进行与变电站主机的网络连接与数据上传。一般要求后台的数据接入应具备以下功能：

1) 接入 CAG 能力。支持配置 CAG 的主 IP 地址和备用 IP 地址，支持 CAG 指令下发，通过 CAG 下发的设备，实现 URI 码与被监测设备映射。

2) 工程化组态功能。后台工作站组态工具可以根据在线监测装置厂家提供装置的

ICD 文件生成配置文件，并下装到 CAC 装置（全站在线监测后台），通过可视化组态功能映射设备；也可以将多个 ICD 文件合并为一个 SCD 配置文件。

3）测点配置功能。可以根据在线监测装置厂家提供装置的测点配置文件进行测点配置，实现现场在线监测设备测点与有关规范定义的测点准确映射。

4）备份/恢复功能。具备对运行程序和相关配置文件的备份和恢复功能。

5）显示及查询功能。支持实时显示监测装置的通信工况、运行工况、通信接口状态和硬件状态等，可以选择日期、查看历史工况。

3.4 技术要求

3.4.1 技术指标要求

（1）通用技术要求

变压器油中溶解气体在线监测装置的基本功能、绝缘性能、电磁兼容性能、环境适应性能、机械性能、外壳防护性能、可靠性以及外观和结构等通用技术要求应符合 DL/T 1498.1—2016《变电设备在线监测装置技术规范　第 1 部分：通则》的规定。

（2）接入安全性要求

变压器油中溶解气体在线监测装置的接入不应使被监测设备或邻近设备出现安全隐患，如绝缘性能降低、密封被破坏等；油样采集与油气分离部件应能承受油箱的正常压力，对变压器油进行处理时产生的正压与负压不应引起油渗漏；应不破坏被监测设备的密封性，采样部分不应引起外界水分和空气的渗入。

（3）油样采集部分要求

1）循环油工作方式：油气采集部分需进行严格控制，应满足不污染油、循环取样不消耗油等条件。所取油样应能代表变压器中油的真实情况，取样方式和回油不影响被监测设备的安全运行。

2）非循环油工作方式：分析完的油样不允许回注主油箱，应单独收集处理，一次排放油量不应大于 100mL。所取油样应能代表变压器中油的真实情况，取样方式不应影响被监测设备的安全运行。

（4）取样管路要求

油管应采用不锈钢或紫铜等材料，油管外可加装管路伴热带、保温管等保温部件及防护部件，以保证变压器油在管路中流动顺畅。

3.4.2 准确度要求

根据在线监测装置测量误差限值要求的严苛程度不同，从高到低将测量误差性能定义为 A、B、C 级，合格产品的要求应不低于 C 级。具体各级测量误差限值的要求详见表 3-1、表 3-2。

表 3-1　多组分在线监测装置测量误差限值要求

检测参量	检测范围 （uL/L）	测量误差限值 （A 级）	测量误差限值 （B 级）	测量误差限值 （C 级）
氢气（H_2）	2～20	±2μL/L 或±30%	±6μL/L	±8μL/L
	20～2000	±30%	±30%	±40%
乙炔（C_2H_2）	0.5～5	±0.5μL/L 或±30%	±1.5uL/L	±3μL/L
	5～1000	±30%	±30%	±40%
甲烷（CH_4）、 乙烯（C_2H_4）、 乙烷（C_2H_6）	0.5～10	±0.5μL/L 或±30%	±3μL/L	±4uL/L
	10～1000	±30%	±30%	±40%
一氧化碳（CO）	25～100	±25μL/L 或±30%	±30μL/L	±40μL/L
	100～5000	±30%	±30%	±40%
二氧化碳（CO_2）	25～100	±25μL/L 或±30%	±30μL/L	±40μL/L
	100～15000	±30%	±30%	±40%
总烃	2～20	±2μL/L 或±30%	±6μL/L	±8μL/L
	20～4000	±30%	±30%	±40%

表 3-2　少组分在线监测装置测量误差限值要求

检测参量	检测范围 （μL/L）	测量误差限值 （A 级）	测量误差限值 （B 级）	测量误差限值 （C 级）
氢气（H_2）	5～50	±5μL/L 或±30%	±20μL/L	±25μL/L
	50～2000	±30%	±30%	±40%
乙炔（C_2H_2）	1～5	±1μL/L 或±30%	±3μL/L	±4uL/L
	5～200	±30%	±30%	±40%
一氧化碳（CO）	25～100	±25μL/L 或±30%	±30μL/L	±40μL/L
	100～2000	±30%	±30%	±40%
复合气体 （H_2、CO、C_2H_4、 C_2H_2）	5～50	±5μL/L 或±30%	±20μL/L	±25μL/L
	50～2000	±30%	±30%	±40%

3.4.3 其他指标要求

多组分在线监测装置、少组分在线监测装置的其他技术指标见表3-3、表3-4。

表3-3 多组分在线监测装置其他技术指标要求

参　　量	要　　求
最小检测周期	≤4h
取油口耐受压力	20.6MPa
载气瓶使用时间	≥400次
测量重复性	在重复性条件下，6次测试结果的相对标准偏差$\sigma R \leq 5\%$

表3-4 少组分在线监测装置其他技术指标要求

参　　量	要　　求
最小检测周期	≤36h
取油口耐受压力	≥0.6MPa
测量重复性	在重复性条件下，6次测试结果的相对标准偏差$\sigma R \leq 5\%$

3.5 装置分类

3.5.1 按检测组分类

3.5.1.1 少组分在线监测装置

监测变压器油中溶解气体组分少于7种的监测装置，监测量应至少包括氢气（H_2）或乙炔（C_2H_2）等特征气体。

3.5.1.2 多组分在线监测装置

监测变压器油中溶解气体组分7种及以上的监测装置，监测量应包括氢气（H_2）、甲烷（CH_4）、乙烯（C_2H_4）、乙烷（C_2H_6）、乙炔（C_2H_2）、一氧化碳（CO）和二氧化碳（CO_2）等主要特征气体。

3.5.2 按油气分离方法分类

按油气分离方法的不同，油中溶解气体在线监测装置采用的主要分离技术可分为以下四类。

3.5.2.1 高分子聚合物分离膜透气技术

自克兹（Kurz）研制出通过高分子塑料分离膜渗透出油中气体供气相色谱仪使用，并将其装于变压器上实现在线监测后，人们对渗透膜进行了大量研究，相继研制成功了聚酰亚胺、聚六氟乙烯、聚四氟乙烯等各种高分子聚合物分离膜，并研制出了各种在线监测装置。日本日立株式会社试制了一种聚四氟亚乙基全氟烷基乙烯基醚膜，利用高分子膜透气，通过三根色谱柱对各组分进行分离，电磁阀控制载气流量，并用催化燃烧型传感器制成了能测六个组分的在线色谱监测装置。这种装置的 PFA 膜可以渗透氢气、一氧化碳、甲烷、乙炔、乙烯和乙烷等各种烃类气体，但膜较柔软，并且不容易固定在容器上，必须把它贴在一个微熔化的、烧结而成的不锈钢盘上，运行中更换不方便；同时，因所选用传感器的原因，必须采用三根色谱柱把混合气体分开，所以色谱柱的更换也很困难。由于早先采用的聚酰亚胺等透气性能和耐老化性能差，而聚四氟乙烯的透气性能好，又有良好的机械性能和耐油等诸多优点，因此国内外普遍选用它作为油中溶解气体监测仪上的透气膜。

3.5.2.2 真空分离法

用于变压器油中溶解气体在线监测装置的真空油气分离法主要有波纹管法和真空泵脱气法。

1）波纹管法是利用波纹管的不断往复运动，将变压器油中的气体快速脱出。日本三菱株式会社生产的油中总可燃气在线监测仪是利用小型电动机带动波纹管反复压缩，多次抽真空，将油中溶解气体抽出来，且废油仍回到变压器中的方法。每次测试需要40min，测试周期可在 1h～99h 或 1d～99d 自由调整，其流程如图 3-7 所示。

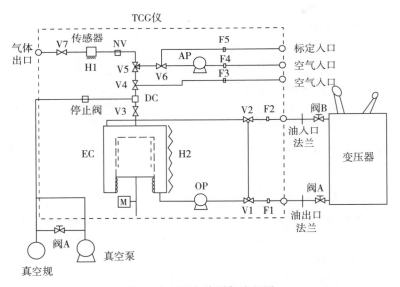

图 3-7　TCG 检测仪流程图

M-波纹管驱动电动机；EC-波纹管取气口；DC-油阱；AP-空气泵；OP-油泵；
H1、H2-加热器；F1、F2-油过滤器；F3～F5-空气过滤器；V1～V7-电磁阀；NV-针形阀

这种油气分离方法用于同一台设备的在线监测是可行的，而用于离线色谱分析则不可行。这是由于积存在波纹管空隙里的残油很难完全排出，因而会造成对下一个油样的污染，特别是含量低、在油中溶解度大的乙炔。同时，由于整个装置结构复杂，难以大量推广应用。

2）真空泵脱气法是利用真空泵形成负压环境，从而分离出油中溶解气体。该法脱气率较高，但结构复杂，对装置密封性要求较高，并要注意真空泵的磨损。随着使用时间的增长，真空泵的抽气效率降低，不能保证脱气容器内的真空度，以至油的脱气率降低，造成测试结果偏低和有残油污染等问题。

3.5.2.3 顶空脱气分离技术

这种方法采用一种专门用的分馏柱，利用载气在色谱柱之前往油中通气，使油中溶解气体析出来，进入到检测器检测。分馏柱设在层析室的恒温箱中，利用定量管注入固定体积的油样，再根据油中各组分气体的排出率调整气体的响应系数来定量。这种方式脱气速度较快，分析一个油样需要 40min，用油量为 20mL，测试误差在 20% 以内，有的可达 10% 以内，消除了温度等因素对脱气率的影响，提高了测试结果的重复性和不同实验室之间的可比性。

3.5.2.4 空气循环油气分离法

日本日新电机株式会社研制了一种采用空气循环油气分离法的油中氢气在线监测仪，其流程如图 3-8 所示。该空气循环法采用闭合管路系统，利用循环泵向油中吹入定量的空气，在油中氢气浓度和空气空间的氢气浓度达到平衡之前，空气一直是循环的，循环时间约为 3min。然后，将含有氢气的空气送入回收容器中检测。测试完毕将回收容器内所剩气体全部排出，并通入新鲜的空气，洗净配气管及容器。该装置能迅速有效地抽出油中溶解的氢气，并用对氢气选择性高的半导体传感器检测。

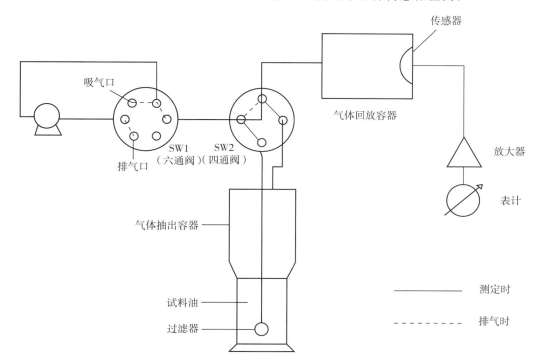

图 3-8 空气循环油气分离法流程图

3.5.3 按使用的检测器分类

按所使用的检测器不同，油中溶解气体在线监测装置可分为以下八类。

3.5.3.1 钯栅场效应管型检测器

钯栅场效应管主要用于氢气组分的检测，其机理是：当氢分子吸附在催化金属钯上时，氢分子在钯的外表面发生分解，生成氢原子；氢原子通过钯膜，再迅速通过钯栅，并吸附在金属钯—绝缘介质界面上，形成偶极层，使金属钯的电子功函数减少。这种现象表现为 MOSFET 的阈值电压（又称为开启电压）U_{DS} 降低，其降低值 AU 与 H_2 浓度有定量关系。AU 经放大和线性化处理后，显示氢气浓度值。该元件对氢具有独特的选择性，基本不受其他气体组分的干扰。开启电压 U_{DS} 与氢气浓度的关系如图 3-9。

钯栅场效应管测氢仪的整体结构是：利用固定在气室上的聚四氟乙烯膜透过氢气，把钯栅场效应管直接插入气室进行测量，钯栅场效应管本身同时具有恒温和控温的功能。当氢气浓度超过设定值时，会有声光报警，实现了连续在线监测。这是我国最先研制的变压器在线监测仪。

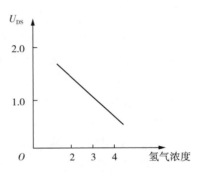

图 3-9 U_{DS} 与氢气浓度的关系

钯栅场效应管存在严重的缺点：一是寿命不够长，一般为一年多；二是零漂严重，在使用中，不仅维护工作量大，而且经常出现误报警。分析其直接原因是：这种钯栅场效应管随氢气浓度不同引起相应的开启电压降低 ΔU，而 ΔU 与浓度并非线性关系，必须经过电气回路进行线性化处理。这里线性化处理后的"直线"实则为一近似直线的曲线，并非真正的直线。随着钯栅场效应管的老化，管子本身的开启电压降低，改变了原来的曲线和零位，自然也改变了线性化处理后的"直线"，这就必须通过经常调节零位和用外标氢气标定，才能准确地反映氢气的体积分数，否则容易出现误报警。

3.5.3.2 半导体型传感器

半导体传感器又称阻性传感器或金属氧化物传感器，是研究开发较早的一种传感器，普遍用于可燃气报警。其结构如图 3-10 所示。其工作机理是：氢气和氧气发生反应时，释放出电子，导致氧化锡的电导率增大，电导率的变化引起电压的变化。经试验证明，该传感器的峰值读数和气体浓度呈线性关系，气体具体测量种类的选择由加到氧化锡内的催化剂控制。南非和日本东芝株式会社均是将表面的氧化锡经过特殊处理后用于测

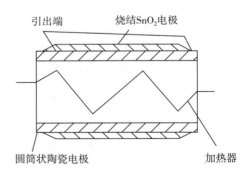

图 3-10 半导体型传感器结构示意图

氢。南非利用高分子薄膜透氢，将传感器安装在气室内进行连续监测。日本则利用空气循环法取气，研制了用于现场检测的便携式油中溶解气体检测器。美国电力研究院（EPRI）开发的变电站诊断系统也采用这种金属氧化物传感器。

这种传感器造价低廉，而且在油气中，以及高湿度和温度变化的环境中能够保持长期的稳定性，便于在要求低造价的在线检测中使用，但必须注意校准和精度。

3.5.3.3 催化燃烧型传感器

催化燃烧型传感器应用范围较广，日本三菱株式会社生产的在线监测仪就是利用这种传感器检测可燃气总量的。英国 TROLX 公司生产的 TX - 3259、TX - 3267 型传感器，爱尔兰 PANA - METRICS 公司生产的燃气分析仪使用的铂催化剂燃气传感器都属于这一类。国产的 LX - 1、LX - 2、LX - 3、JD - 2、MQ - C 型传感器也属于这类产品。

催化燃烧型传感器的基本原理是在一根铂丝上涂上燃烧型催化剂，在另一根铂丝上涂上惰性层，组成阻值相等的一对元件，再由这一对元件和外加两个固定电阻组成桥式检测回路，如图 3 - 11 所示。在一定的桥流（温度）下，当与可燃气接触时，一根铂丝发生无烟燃烧反应，发热，阻值发生改变；另一根铂丝不燃烧，阻值不变，使原来平衡的电桥失去平衡，输出一个电信号，经放大后显示出结果。这一信号与可燃气浓度呈线性关系。

就利用薄膜法测氢而言，催化燃烧元件的输出与色谱分析有一定的误差，这是由于薄膜对氢气以外的其他气体有一定的透过率，即使是选择性较好的聚芳杂环膜也是如此。特别是 CO 的透过量对总的测试结果有一定的影响，使氢气的测试值偏高。对总可燃气检测器来说，首先影响测试结果的是取气方法，不同的取气方法对油中催化溶解的各气体组分的脱出率不同，故测试值也不同。另外，不同的气体组分在催化燃烧元件上燃烧时，产生的热能不同，造成元件对各气体组分的灵敏度也不同。特别是当这些混合气体的组分变化较大时，使检测元件的输出也发生变化。一般来说，在油中溶解度较大的组分，如 C_2、C_3 各组分，对催化元件有较高的灵敏度；在油中溶解度较小的组分，虽然对催化元件的灵敏度较低，但取气容易取得比较彻底。所以，总可燃气检测器的测试结果是上述各种因素综合效应的体现。

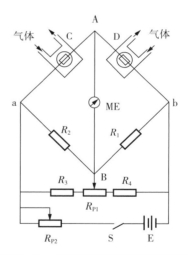

图 3 - 11 催化敏感元件电路原理图

C—无活化的铂丝；D—活化的铂丝；

$R_1 \sim R_4$—电阻；R_{p1}、R_{p2}—可变电阻；

S—开关；E—电源；ME—检流计

3.5.3.4 燃料电池型传感器

燃烧电池型传感器的工作原理是：阳极和阴极被电解液隔开，溶解在阳极的气体被化学氧化，空气中的氧气在阴极上被催化还原，最终燃烧电池输出电流，电流值与气体浓度成正比关系，从而实现对气体浓度的定量检测。

早在 20 世纪 70 年代，加拿大就开始了利用燃料电池作为检测氢气的传感器的研究，现已批量生产携带式 103B 型和在线式 201R 型两种氢气检测器，其燃料电池传感器的剖面如图 3-12 所示。测试的过程是：变压器油充满聚四氟乙烯薄膜靠变压器侧的腔体，溶解在油中的氢气透过聚四氟乙烯薄膜迅速扩散至另一侧，并在多孔的透气铂黑电极上被电氧化。与此同时，周围有空气的另一个电极上的氧被还原，两个电极间的电解质是胶状浓度为 58% 的硫酸溶液。由燃料电池所产生的电流，通过一个 100Ω 的电阻显示电压值，这个电压值被放大，并显示出油中氢气的浓度。

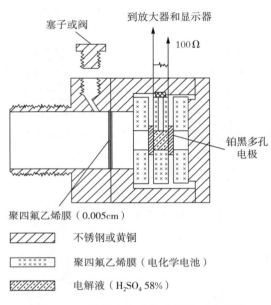

图 3-12 燃料电池型传感器剖面示意图

尽管燃料电池型监测仪的检测精度高、重复性好，但由于燃料电池的寿命有限、造价高，因而限制了它们在在线监测中的广泛应用。另外，燃料电池中的电化学反应实际为氧化还原反应。在油中溶解有较大量的一氧化碳气体，如前所述，一氧化碳会透过聚四氟乙烯薄膜，不可避免地会参与反应，因此测试结果实际为氢气和一氧化碳含量之和，将会影响真实的氢气组分含量。

3.5.3.5 热导检测器

热导检测器主要用于变压器油中溶解的七种气体组分的在线检测，其检测灵敏度接近实验室色谱分析的水平。由于不同物质的热导系数各不相同，其在发热电阻丝上的热量损失比也不尽相同，因此可通过测量发热电阻丝的热量损失比，分析气体的组分和浓度。依据被测物的不同热导系数和惠斯顿电桥的工作原理设计的热导检测器检测原理如图 3-13 所示，其工作测量流程为：首先用恒定的电流加热测量臂和参比臂，使其处于相同状态；然后将载气分别注入参比池、测量池，稳定一定时间后，热导池内达到热平衡状态，电桥也处于平衡状态，此时记录器上显示的数据作为测量基线；然后将样品和载气组成的混合气体注入测量池，因混合气体的导热系数不同于载气的导热系数，故引起测量池中热敏电阻丝温度的变化，进而改变其电阻值，破坏原有的电桥平衡，记录器上出现色谱峰，可计算出气体的含量。该检测器具有结构简单、性能稳定、线性范围宽、对所有物质均有响应等优点，但对载气纯度要求较高。

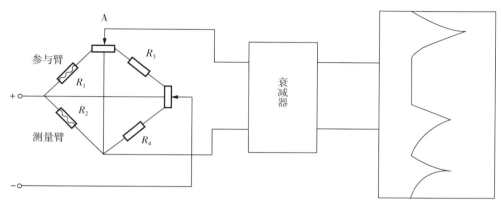

图 3-13　热导检测器检测原理图

3.5.3.6　光声光谱检测器

光声光谱检测器是利用光声光谱效应实现对变压器油中气体和微水的检测，主要用于在线监测装置或便携式装置，其结构如图 3-14 所示。光声光谱效应原理是用一束强度可调制的单色光照射到密封于光声池中的样品上，样品吸收光能后，以释放热能的方式退激，释放的热能使样品和周围介质按光的调制频率产生周期性加热，从而导致介质产生周期性压力波动，压力波的强度与气体的浓度成比例关系，这种压力波动可用灵敏的微音器或压电陶瓷传声器检测，并通过放大得到光声信号；若入射单色光波长可变，则可测到随波长而变的光声信号图谱，这就是光声光谱。该检测器需要的气体样品量较少，但灵敏度不高、抗干扰能力差。

3.5.3.7　傅里叶红外光谱检测器

傅里叶红外光谱检测器是基于光的干涉原理，分别将载气和被测气体置于迈克尔逊干涉光路中，移动动镜时，探测器将得到强度不断变换的干涉波谱图；接着，将

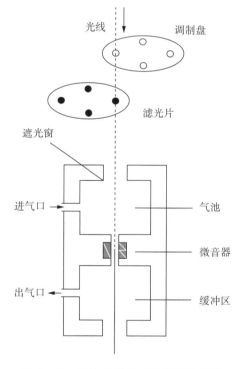

图 3-14　光声光谱检测器结构示意图

干涉光谱图进行傅里叶变换、除法和对数处理后，得到被测气体的吸收光谱，进而判断被测气体的成分和含量，其测量原理如图 3-15 所示。该检测器测量灵敏度高，但红外光谱检测器价格昂贵、所需气体样品量较多，因此不适合大范围推广应用。

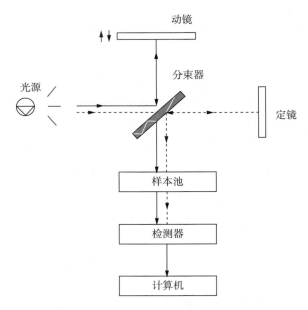

图 3-15　傅里叶红外光谱检测器测量原理示意图

3.5.3.8　阵列式气敏传感器

采用由多个气敏传感器组成的阵列（图 3-16），利用不同传感器对不同气体敏感度的不同，采用神经网络结构对传感器进行反复的离线训练，建立各气体组分浓度与传感器阵列响应的对应关系，消除交叉敏感的影响，从而不需要将混合气体分离，就能实现对各种气体浓度的在线监测。其主要缺点是：传感器漂移的累积误差对测量结果有很大的影响；标定过程相当复杂，一般需要几十到几百个样本。

图 3-16　阵列式气敏传感器

根据不同的测试对象，选择不同的传感器，并配合使用不同的取气方法，可以组合成多种多样的油中溶解气体在线监测装置。

3.6　装置巡视及维护

3.6.1　例行巡视

对在线监测装置的例行巡视，巡视项目如下：

1）外观无锈蚀、连接紧固、接地良好，如图3-17所示；

2）装置及基础有无倾斜，如图3-18所示；

3）电源指示灯是否正常，是否有报警指示（包括电源指示、故障告警、通信告警、状态异常），如图3-19所示；

4）空调、加热系统、散热风扇是否正常工作，有无异响，周围是否积水，如图3-20所示；

图3-17　装置外观

图3-18　装置及基础

图3-19　电源指示灯

图3-20　空调、加热系统、散热风扇

5）进回油阀门是否正常打开（主变本体油阀和取回油阀均应打开），如图3-21；

6）进回油阀密封垫是否老化，如图3-22所示；

7）进回油阀是否有油迹、油渍，如图 3 - 23 所示；

8）进回油管路保护是否破损、锈蚀，如图 3 - 24 所示。

图 3 - 21　进回油阀门

图 3 - 22　进回油阀密封垫

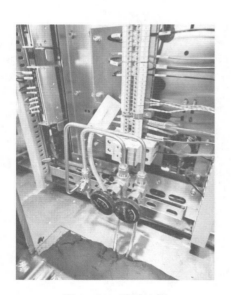

图 3 - 23　进回油阀

图 3 - 24　进回油管路

3.6.2　专项巡视

除进行日常巡检项目外，还应进行内部各模块及部件的专项巡视。

3.6.2.1　气路巡视

1）检查减压阀传感器压力是否显示准确，核对压力表（图 3 - 25）和传感器的压力是否吻合；

2）有载气装置检查减压阀及输出压力是否正常；

3）载气发生器装置检查气泵工作是否正常，干燥装置是否饱和，载气压力是否正常；

4）各气路封帽有无漏气、松动，如图 3-26 所示；

5）检查载气电磁阀工作是否正常，应进行开闭测试；

6）检查稳压阀工作是否正常，应从基线进行判定；

7）检查五通阀、六通阀切换是否正常。

图 3-25　载气压力表

图 3-26　气路模块

3.6.2.2　电路（图 3-27）巡视

1）检查线束、端子是否存在明显异常，老化或者松动情况；

2）检查工控板/ARM 及主板灰尘是否吹扫或者清扫；

3）检查工控板/ARM 板是否卡顿，存储设备是否需要清除数据、缓存；

4）检查电源板继电器是否工作正常；

5）检查柱箱、脱气等加热是否正常；

6）检查电源模块供电电压是否正常；

7）检查空调及换热风机是否正常工作。

3.6.2.3　油路巡视

1）检查取样阀三通（图 3-28）及油路管（图 3-29）是否存在漏油和渗油现象；

2）检查装置周围是否有油渍；

3）检查装置内各油路电磁阀及连接处是否有渗漏油现象；

图 3-27　电路模块

4）测试进回油系统是否正常，油泵工作是否正常；

5）测试脱气系统工作是否正常及是否存在漏气现象，油位传感器显示是否正常。

图 3-28　取样阀三通

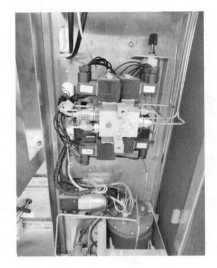

图 3-29　油路管

3.6.2.4　采集程序功能巡视（图 3-30）

1）检查采集分析软件是否正常运行；

2）检查采集服务软件是否正常运行。

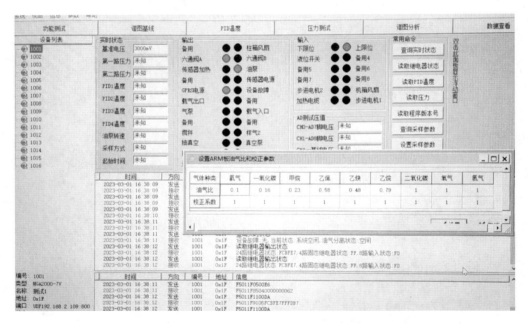

图 3-30　程序功能巡视

3.6.2.5 通信（图 3-31 和图 3-32）巡视

1）检查光端机/交换机是否正常工作；

2）检查光纤跳线有无松动；

3）检查光缆光通道是否正常；

4）测试局域网及广域网通信是否正常。

图 3-31 交换机、光纤跳线

图 3-32 在线监测 IED

3.6.2.6 数据报警巡视

1）检查后台及装置数据（图 3 - 33 和图 3 - 34）是否正常；

2）检查装置有无报警信号；

3）测试达到设定阀值是否按照报警策略正常告警。

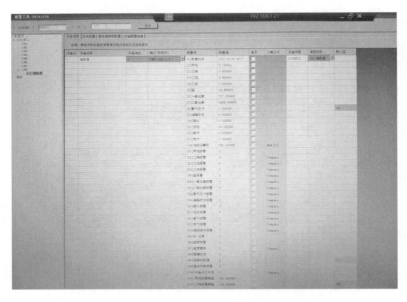

图 3 - 33 监测数据

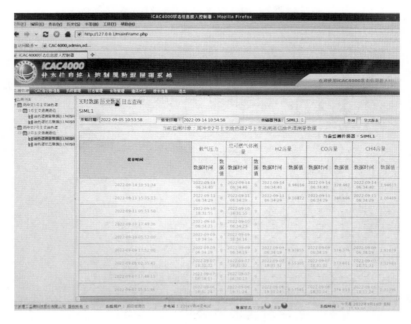

图 3 - 34 历史监测数据

常见变电在线监测装置运维技术

3.6.3　载气维护

1）现象：载气压力低位报警或数据异常。

2）处理原则：当气瓶内部压力低于 2MPa 时，就需要去现场更换载气瓶。

3）处理过程：

a. 关闭仪器电源开关；

b. 打开仪器后门，顺时针旋紧载气钢瓶开关阀门至完全关闭的位置；

c. 使用一个 10mm 的扳手将载气减压阀出口处的 Φ3mm 不锈钢管取下来，过程中可能有少量的气体从接头处释放出来；

d. 从主机中慢慢取出载气钢瓶，注意减压阀上传感器的连线不能用力拉伸，用合适的活口扳手将减压阀从钢瓶上卸下来；

e. 按照相反的步骤，换入新的载气钢瓶。钢瓶总阀应全开，减压阀出口压力应调节至 0.47MPa～0.5MPa；

f. 用检漏液分别涂抹载气瓶总开关、减压阀的各个接头处，确保不会漏气；

g. 更换掉的空瓶要做好标示并存放好，便于日后的补充及空瓶的回收。

3.7　现场校验

3.7.1　校验原理

通过标准油样配制装置来配制系列参考油样，该系列油样的各组分浓度利用实验室气相色谱仪进行测定（实验室气相色谱仪应符合 GB/T 17623－2017《绝缘油中溶解气体组分含量的气相色谱测定法》中的指标要求）。利用该系列参考油样对油色谱的测量准确性、测量重复性等关键性能指标进行现场测试，通过与实验室气相色谱仪数据的比对，实现对油中溶解气体的性能评定。

3.7.2　校验内容

3.7.2.1　人员要求

现场校验人员应了解变压器油中溶解气体在线监测装置的工作原理、技术参数和性能指标，掌握在线监测装置的操作程序和使用方法，掌握变压器油取样和气相色谱分析技术。

3.7.2.2　安全要求

1）为保证人身和设备安全，现场校验应严格遵守电力安全工作规程的相关要求；

2）现场校验前，应切断装置与上位机的网络连接或将系统设置为调试状态等，测试数据应进行标识或屏蔽，以保障测试数据不上传监控系统或不影响设备运行状态的判断；

3）现场校验时应确保监测装置的进、出油管与被监测设备有效隔离。测试前应认真检查油管路与设备的连接情况，关闭设备出油管和回油管的阀门，并对管路出口进行封堵，避免参考油样流入设备；

4）现场校验后，应排尽装置油管路内的残油和空气，利用变压器本体油对在线监测装置的油管路进行充分清洗，避免测试油样残留管路造成对设备本体油的污染。

3.7.2.3 标准油样

（1）配制标准油样

标准油样的特征组分浓度范围见表3-5，可在校验现场配制油样，也可在实验室配制后存贮在专用的全密封储油装置内，运送至现场使用。配制的油样必须稳定2h以上方可用于离线和在线检测，所配油样中气体组分含量由实验室气相色谱仪按GB/T 17623—2017中方法测定。同时所配制的油样宜在48h内使用，超过48h后油样浓度需重新利用实验室色谱仪进行测定。

（2）使用设备中的油样

特殊情况下，当被监测设备（变压器/高抗等）油中同时含有乙炔（浓度$\geqslant 0.5\mu L/L$）、氢气（浓度$\geqslant 2\mu L/L$）时，可将设备内的油作为一个标准油样进行使用。

表3-5 参考油样浓度范围

气体组分	参考油样1（低浓度 $\mu L/L$）	参考油样2（中浓度 $\mu L/L$）	参考油样3（高浓度 $\mu L/L$）
H_2	2～10	50～100	100～200
C_2H_2	0.5～1.0	2～8	10～20
$\sum C_1 + C_2$	2～10	50～100	100～200
CO	25～100	300～600	600～1200
CO_2	25～1000	1000～3000	3000～6000

3.7.2.4 装置基本功能检查

1）结构外观：主机外观完好、铭牌完整。

2）基本功能：设备各项基本功能无异常，能正常运行和开展工作。

3）数据传输：数据上传与远程控制功能无异常（对于运行时间较长、无远程控制功能的装置，则仅作参考）。

4）告警阈值：具有告警阈值设置功能（便于后期告警阈值设置）。

3.7.2.5 最小检测浓度

（1）测试内容

最小检测浓度要结合测量误差试验，如配制表3-5中的参考油样1，其中氢气浓度接近$2\mu L/L$，乙炔浓度接近$0.5\mu L/L$（偏差$\leqslant \pm 0.2\mu L/L$），要求在线监测装置对氢气和乙炔有响应值。

（2）测试要求

1）所有电压等级的装置第一次开展现场比对测试时，应开展最小检测浓度试验；

2）对于所有电压等级变压器，当设备本体油中 C_2H_2 低于 $0.5\mu L/L$ 或 H_2 浓度低于 $2\mu L/L$（以离线色谱数据为准）时，必须开展最小检测浓度试验；

3）其他情况下，根据需要开展最小检测浓度测试。

3.7.2.6　测量误差试验

（1）测试内容

1）在同一样本中取两份油样，分别采用在线监测装置和实验室气相色谱仪进行检测分析，将两者检测数据进行比对。

2）采用设备本体油作为标准油样时，当在线监测装置的最后 6 次监测数据保持稳定时，可直接采用在线监测装置最后 1 次的监测结果与离线色谱检测结果进行比对。对设备本体油样的离线检测应当场取样检测，不得使用历史离线检测结果进行比对。

3）在更换另一种待测油样后，须用待测油样对在线监测装置进行冲洗。

4）在线监测装置对每组标准油样测量 2 次，以第 2 次测试结果与离线色谱检测结果进行比对。

（2）测试要求

1）当被监测设备内的油样符合 3.7.2.6 中测试内容的第 2 种情况时，可用设备中的油样代替表 3-5 中的"参考油样 1"；

2）所有电压等级的装置第一次开展现场比对测试时，应采用低、中、高三个浓度梯度开展比对测试；

3）对于 500kV 变压器的在线监测装置，采用低、中、高 3 个浓度梯度的标准油样开展测量误差比对测试，标准油样浓度参照表 3-5 配制；

4）对于投运 2 年以内、现场安装交接验收合格的 220kV 变压器在线监测装置，以及投运 3 年以内、现场安装交接验收合格的 110kV 变压器在线监测装置，采用低、中 2 个浓度梯度的标准油样开展测量误差比对测试，标准油样浓度参照表 3-5 配制；

5）对于 2 年以内开展了现场比对测试且测量误差不低于 B 级的 220kV 和 110kV 变压器在线监测装置，采用低、中 2 个浓度梯度的标准油样开展测量误差比对测试，标准油样浓度参照表 3-5 配制；

6）其他不满足上述条件的 220kV 和 110kV 变压器的在线监测装置，采用低、中、高 3 个浓度梯度的标准油样开展测量误差比对测试，标准油样浓度参照表 3-5 配制；

7）对于年误报漏报次数≥3 次的装置，采用不少于 3 个浓度梯度的标准油样开展测量误差比对测试。

（3）结果计算与等级评判

1）按公式（1）和公式（2）分别计算在线监测装置与离线检测数据的绝对误差和相对误差：

$$E_a = C_o - C_i \tag{1}$$

$$E_r = \frac{C_o - C_i}{C_i} \times 100\% \tag{2}$$

式中：

E_a——绝对误差；

C_o——在线监测装置检测数据；

C_i——实验室气相色谱仪检测数据；

E_r——相对误差。

2）在线检测装置的测量误差等级根据比对数据的相对误差或绝对误差，依据表3－6进行等级评定。

表3－6　多组分在线监测装置测量误差要求

检测参量	检测范围（$\mu L/L$）	测量误差限值（A级）	测量误差限值（B级）	测量误差限值（C级）
氢气（H_2）	$2\sim20^a$	$\pm2\mu L/L$ 或$\pm30\%$	$\pm3\mu L/L$	$\pm4\mu L/L$
	$10\sim2000$	$\pm30\%$	$\pm30\%$	$\pm40\%$
乙炔（C_2H_2）	$0.5\sim5$	$\pm0.5\mu L/L$ 或$\pm30\%$	$\pm1uL/L$ 或$\pm30\%$	$\pm15\mu L/L$ 或$\pm30\%$
	$5\sim10$	$\pm30\%$	$\pm30\%$	$\pm40\%$
	$10\sim200$	$\pm20\%$	$\pm30\%$	$\pm40\%$
甲烷（CH_4）、乙烯（C_2H_4）、乙烷（C_2H_6）	$0.5\sim10$	$\pm0.5\mu L/L$ 或$\pm30\%$	$\pm1\mu L/L$ 或$\pm30\%$	$\pm2uL/L$ 或$\pm30\%$
	$10\sim600$	$\pm30\%$	$\pm30\%$	$\pm40\%$
一氧化碳（CO）	$25\sim100$	$\pm25\mu L/L$ 或$\pm30\%$	$\pm30\mu L/L$	$\pm40\mu L/L$
	$100\sim5000$	$\pm30\%$	$\pm30\%$	$\pm40\%$
二氧化碳（CO_2）	$25\sim100$	$\pm25\mu L/L$ 或$\pm30\%$	$\pm30\mu L/L$	$\pm40\mu L/L$
	$100\sim15000$	$\pm30\%$	$\pm30\%$	$\pm40\%$
总烃（C_1+C_2）	$2\sim10$	$\pm2\mu L/L$ 或$\pm30\%$	$\pm3\mu L/L$	$\pm4\mu L/L$
	$10\sim150$	$\pm30\%$	$\pm30\%$	$\pm40\%$
	$10\sim2000$	$\pm20\%$	$\pm30\%$	$\pm40\%$

注：在各气体组分的低浓度范围内，测量误差限值取两者较大值。

测量误差性能要求：

1）所有电压等级变压器的在线监测装置在质保期内，测量误差等级不低于B级；

2）500kV变压器的在线监测装置测量误差等级不低于B级；

3）220kV和110kV变压器的在线监测装置测量误差不低于C级。

3.7.2.7　测量重复性

（1）测试内容

对同一个标准油样连续测量不少于7次，取最后6次的测量结果，计算总烃的相

对标准偏差 RSD，作为重复性测试结果。

（2）测试要求

1）所有电压等级的装置在第一次开展现场比对测试时，应开展测量重复性试验。

2）500kV 变压器的在线监测装置，每次现场比对工作都应开展测量重复性试验；220kV 及 110kV 变压器的在线监测装置，可根据装置长期监测数据的波动情况开展，但 2 个比对周期内必须开展 1 次。

3）当设备本体油样中总烃大于 $20\mu L/L$ 时，可采用本体油样进行测量重复性试验。

4）若本体油不满足上一条测量要求时，则需配制重复性测试的标准油样，该标准油样要求总烃 $\geqslant 50\mu L/L$。

5）配制的测量重复性标准油样的量至少可以满足在线监测装置进行 10 次测量（提前咨询厂家关于在线监测装置单次测量所需用油量）。

6）除非有特殊要求，测量重复性油样不应循环使用，测试后的油直接排入废油桶。

（3）结果计算

按公式（3）对最后 6 次测量结果的总烃开展相对标准偏差 RSD 计算：

$$RSD = \sqrt{\frac{\sum\limits_{i=1}^{n}(C_i - \overline{C})^2}{n-1}} \times \frac{1}{\overline{C}} \times 100\% \tag{3}$$

式中：

RSD——相对标准偏差；

n——测量次数；

C_i——第 i 次测量结果；

$\overline{C}$——n 次测量结果的算术平均值；

i——测量序号。

测量重复性要求：

A 级装置测量重复性不大于 3％，B 级与 C 级装置测量重复性不大于 5％。

3.7.2.8 现场校验工作流程

现场校验工作流程具体步骤如下：

1）切断在线监测装置与上位机的网络连接或将系统设置为调试状态等；

2）将在线监测装置主机正常关机，关闭在线监测装置总电源开关；

3）关闭被监测设备侧的出油和回油阀门；

4）断开在线监测装置箱体侧的进油管和出油管连接头，用堵头分别封堵与被监测设备相连接的出油管和回油管；

5）将盛有参考油样 1 的全密封储油装置与在线监测装置进行连接，连接前用参考油样排尽连接管路里的空气；

6）启动在线监测装置，用参考油样对在线监测装置油循环回路进行清洗，清洗油量应不小于循环回路总体积的 2 倍。冲洗完毕，启动装置对标准进行连续 2 次测试；

7）将参考油样 1 更换为参考油样 2，并按步骤 5）、步骤 6）完成分析；

8）将参考油样 2 更换为参考油样 3，并按步骤 5）、步骤 6）完成分析；

9）将参考油样 3 换成重复性试验的标准油样（当设备本体油样中总烃大于 $20\mu L/L$ 时，可采用本体油样开展测量重复性试验），参照步骤 5）、步骤 6）对标准油样进行连续不间断地 7 次测试；

10）将在线监测装置侧进油管与被监测设备重新连接，开启设备侧出油阀门，用被监测设备内的变压器油对监测装置油循环回路进行清洗，至少 10 次，清洗的油样应排入油桶；

11）清洗后用设备本体油样进行复测比对，取设备内油样离线检测，并与在线监测数据比对；

12）将在线监测装置侧出油管与被监测设备重新连接，开启设备侧回油阀门；

13）恢复在线监测装置与监控系统的网络连接，将在线监测装置恢复到正常运行状态。

3.7.2.9 校验周期

1）现场对标准油样比对的校验周期为 1～2 年；

2）可根据装置运行的年限以及误报漏报率适当缩短校验周期。

3.7.2.10 不合格装置处置

对于装置校验结果不合格或数据比对结果存在明显差异的监测装置，装置管理单位应查明原因，必要时开展传感器的灵敏度、色谱柱的分离度处理或更换。若装置的测量误差、监测周期不满足企业标准 Q/GDW 10536—2021《变压器油中溶解气体在线监测装置技术规范》中的规定要求时，装置管理单位应结合技术改革，对装置大修改造或更换。

3.7.3 某供电公司 220kV 变电站油色谱现场比对校验案例

1）220kV 变电站按照相关管理规定应做低浓度、中浓度、重复性、最小监测浓度试验。按照 3.7.2.3 中的配置浓度，尽量采用不饱和油进行配置，与现场主变情况更加接近。

2）现场校验前，首先切断装置与上位机的网络连接（图 3-35）或将系统设置为调试状态，可直接从现场装置断开或者从后台断开。

3）应先关闭主变及装置内部的阀门（图 3-36），在条件不允许的情况最少要关闭一个确保油管不漏油。

4）油罐应采用真空密封罐，且具备加压功能，本次校验用钢瓶氮气进行加压。应对标准油重新进行放气，确保油样不失真。连接油管，对装置进行冲洗后就可以开始做样。低、中、高浓度标准样品做 3 组数据，比对采用第 2 组或第 3 组数据。重复性，可采用中浓度或高浓度标准样品，应至少采样 7 次，比对采用第 2 组及以后的连续 6 组数据。

5）装置冲洗：现场校验后，应排尽装置油管路内的残油和空气，利用变压器本体油对在线监测装置的油管路进行充分清洗，避免测试油样残留管路造成对设备本体油的污染。

6）数据比对：现场采用合格的便携式色谱仪器，试验人员应持证上岗。离线采用的油样应在油色谱装置做样时进行取样，保证油样的统一性，取完油样应尽快分析出离线数据。待在线数据采集完成，应尽快进行比对，如果装置合格则不需要再进行校验，如果数据误差较大，则需要修改校正参数和校正曲线。之后，再做一组数据与本体油进行对比，如果仍然不合格，就需对现场装置进行综合评估，并出具建议书。

7）报告附件：包括离线试验谱图报告、现场比对校验报告、在线监测原始数据。具体见附录B。

图 3-35　IED 网口

图 3-36　进回油针型阀

3.8　典型故障处理及案例分析

油中溶解气体在线监测装置典型故障包括电路部分故障、载气单元故障、气路漏气、油路系统故障、通信系统故障、脱气单元故障、柱箱单元故障和后台通信系统故障。具体故障处理和案例分析详见附录A。

第4章 变压器铁芯接地电流在线监测装置运维技术

4.1 概 述

电力变压器是电力系统中最关键的设备之一，在电网运行中处于核心地位。变压器的可靠运行是电力系统安全、可靠、优质、经济运行的重要保证。目前，国产和进口的大型变压器铁芯及夹件绝大多数用小套管引至机罩外部与主网接地连接，铁芯及夹件均需接地并且只能是一点接地，否则铁芯对地会产生悬浮电压或铁芯因多点接地而产生发热故障，严重威胁变压器及电网的安全。据统计，在变压器事故排名中，铁芯和夹件接地故障已占第三位，成为变压器频发性故障之一。因此实时监测铁芯接地电流已经成为判断大型变压器绝缘故障的有效手段。

变压器铁芯接地电流在线监测单元能够有效地解决这些问题，并可对电气设备状态进行在线检修、评估、预警和风险分析，从而达到防患于未然的目的。采用特种硅钢片制作的高精度零磁通电流传感器，安装在变压器铁芯接地点上，通过通信电缆上传到数据采集单元。通过对铁芯接地电流的连续、实时、在线监测，能及时发现箱体内部绝缘受潮或受损、铁芯多点接地、箱体内出现异物、油箱油泥沉积等故障。当变压器铁芯泄漏电流达到报警限值时，电流传感器会自动发出报警信号，对事故做到早预防早处理，为变压器设备的状态检修提供可靠的技术依据。

变电站的发展需求与发展方向，决定了需要切实提高无人/少人值守变电站的安全水平。在变电站配置主变铁芯接地电流在线监测系统，可以解决传统离线试验效率低下、工作量大的问题，避免离线试验难以反映实际工况下的主变状态参数等缺陷，极大地提高主变检修的效率和故障判断的准确性。

4.2 技术原理

采用高精度穿心式传感器将铁芯及夹件上的接地电流信号转换为电压信号，电压信号进入信号调理电路；信号调理电路根据电压大小自动切换量程后进入以 DSP（数字信号处理）为处理核心的信号测量板，该信号测量板选用高性能的 32 位数字处理芯片，DSP 为核心处理器。铁芯及夹件接地电流中伴有现场的干扰信号，计算时首先要把这些干扰信号剔除掉。传统的方法是使用模拟滤波器将干扰信号除掉，但模拟滤波器易受环境温度、湿度影响，且随着时间的变化易产生零点漂移等现象，从而引入新的"干扰"。而 DSP 强大的数字计算功能可以通过数字滤波算法代替原来的模拟滤波算法。数字滤波算法不受温度、湿度等环境影响，可以有效地解决模拟滤波器带来的各种问题。信号测量板将铁芯及夹件的接地电流计算出来后通过数字总线上传到间隔层监测 IED（智能电子设备）。间隔层 IED 采用统一的嵌入式平台，具有分析判断、报警和远传数据等功能。通过监测运行中铁芯接地电流的大小，自动判断变压器铁芯是否存在铁芯不接地或铁芯多点接地现象，从而防止铁芯形成悬浮电位及局部过热而引发的一系列故障，确保电力变压器安全运行（图 4 - 1）。

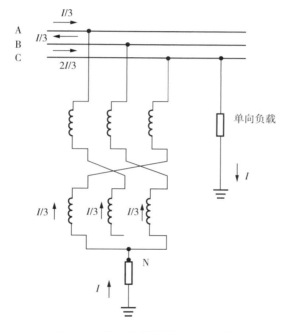

图 4 - 1　铁芯在线监测装置原理图

4.3　装置结构

变压器铁芯接地电流在线监测（图 4 - 2、图 4 - 3）是一套针对高压变压器铁芯接地及夹件电流实施在线监测及诊断的完整解决方案，适用于 110kV 及以上电压等级的电力变压器、牵引变压器的铁芯接地及夹件的电流监测。它主要由电流传感器、就地采集单元、后台分析系统等部分组成，实时监测数据通过处理分析后通过局域网传送到主站，满足 IEC61850 通信规约。

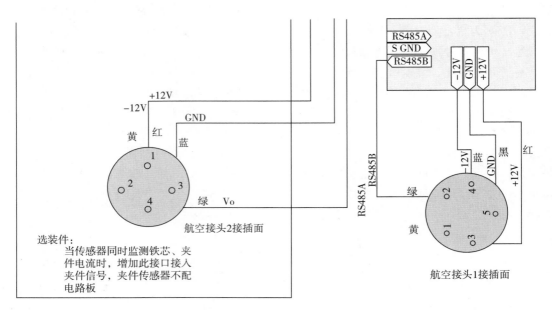

图 4-2 现场航插接线图

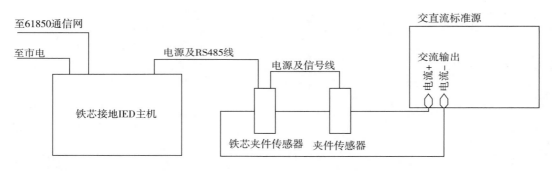

图 4-3 现场铁芯在线监测系统整体示意图

4.4 技术要求

4.4.1 通用技术要求

变压器铁芯接地电流在线监测装置的基本功能、绝缘性能、电磁兼容性能、环境性能、机械性能、外壳防护性能、连续通电性能、可靠性及外观和结构等通用技术要求应满足《变电设备在线监测装置通用技术规范》(Q/GDW 1535-2015)。

4.4.2 接入安全性要求

在线监测装置的接入不应改变主设备的电气连接方式、密封性能、绝缘性能及机械性能，接地引下线应保证可靠接地，满足相应的通流能力，不应影响现场设备的安全运行。电流信号取样回路具有防止开路的保护功能，电压信号取样回路具有防止短路的保护功能。

4.4.3 功能要求

变压器铁芯接地电流在线监测装置应满足的基本功能如下：

1）监测装置可以通过网络连接与主站或者安装了主站通信软件的便携式工作站进行信息交换，监测装置具有按预设程序实时采集并向上一级数据服务器报送被监测设备状态数据的功能，具有接收和执行设备主管部门对其进行远程对时、参数调阅和设置命令的功能。

2）变压器铁芯接地电流监测数据超过限值时，具有报警功能，且限值可设置。

4.4.4 铁芯及夹件泄漏电流在线监测系统技术指标

1）泄漏电流测量范围：0～1000mA。
2）泄漏电流分辨率：±0.01mA。
3）泄漏电流准确度：±1％×测量值。
4）温度准确度：±2％。
5）湿度准确度：±2％。

4.5 装置巡视及维护

装置巡视及维护流程具体步骤如下：

1）定期用钳形电流表测量运行中变压器铁芯接地引下线的电流，与铁芯在线监测传感器数据进行实时对比，通过接地电流数值的变化及时发现潜伏性故障。

2）检查铁芯传感器与接地扁铁摩擦是否使传感器表面存在绝缘漆磨损（图4-4），若存在需判断是否会因传感器直接接地导致数据存在偏差情况。

3）检查铁芯传感器中端 IED 数据，若 IED 中数据异常，则检查铁芯在线监测装置是否正常运行，具体按上述步骤1）进行判断；若 IED 内无数据，则检查装置通信连接及传感器电源是否正常，排除电源及 485 通信问题后，则判断铁芯传感器存在损坏无法正常运行，可按照下述步骤4）进行操作。

4）若传感器存在损坏情况需进行更换，在更换过程中，在传感器两端使用短接线在有效接触面进行短接，更换完成后将短接线拆除（更换过程中要保持主变铁芯实时接地，防止存在虚浮电位，造成人员受伤，若条件允许，建议在主变停电情况下进行更换）。

5）对现场铁芯连接的航插拆开检查，排除航插内无脱焊、短接及进水等情况。

6）检查中端 IED 与在线监测系统通信连接是否正常。

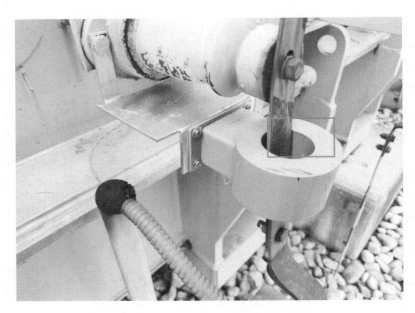

图 4 - 4 铁芯传感器存在绝缘漆磨损图

4.6 典型故障处理及案例分析

4.6.1 典型故障处理

4.6.1.1 装置数据中断

故障现象：在站内后台查看铁芯采集数据时，后台未接收到实时采集数据。

处理原则：

a. 查看系统运行工况界面，设备名称图标为"绿色"时表示通信正常，设备名称图标为"红色"时则表示通信异常。

b. 检查后台到 IED 网络通信状态是否正常。

c. 网络通信正常时，检查 IED 工控板工作状态是否正常。

d. 通过 IED 内部服务端界"发送指令 40 3A 03 03 11 01 00 12（厂家：河南中分）"检查串口状态是否正常，若串口无返回报文，则工控主板串口故障，需更换工控主板。

e. 登录 IED 内部服务端，查看报文，若出现"解包发生错误"，则说明铁芯采集板故障，需更换采集板。

f. 登录 IED 内部服务端，查看 IEC61850 服务端运行状态是否正常。

4.6.1.2 数据异常

故障现象：铁芯接地电流数据值异常。

处理原则：

a. 用钳流表及电源适配器检测实时电流，与在线监测实时数据进行比对。

b. 查看带电检测数据与在线监测数据是否偏差较大。

c. 通过校正参数的大小，使在线监测数据值达到正常。

d. 使用电流发生器模拟故障数据，查看监测结果是否正常。

e. 模拟电流数据监测结果异常，则传感器故障，需更换传感器。

4.6.1.3 传感器损坏

故障现象：传感器腐蚀。

处理原则：

a. 检查传感器外观。

b. 查看航插口是否被腐蚀。

c. 测量各航插口之间的电阻，判断传感器内部线圈是否短路。

4.6.1.4 更换传感器的方法

a. 运行设备现场更换电流传感器（图 4-5）需要加装短路工装，短路工装能保证铁芯接地线一直接地。

b. 短路工装一点是接在传感器上下各 0.5 米左右，采用短接工装，可以保证良好接地。

c. 根据铁芯传感器的支架形状，确定安装铁芯传感器的位置。整个过程要保证铁芯接地线可靠接地。

d. 用万用表测量接地短路工装的两点与接地的电阻，接地正常的情况下，拆除铁芯接地线的固定螺栓，取下传感器。

e. 拆除旧传感器，装上新传感器，固定接地线的螺栓，应注意传感器电流方向。

f. 确认接地良好，去掉短路工装，避免长时间多点接地而造成隐患。

4.6.2 案例分析

4.6.2.1 220kV 变压器铁芯接地电流异常的分析和处理

（1）基本情况

2015 年 10 月 21 日，某 220kV 变电站铁芯在线监测装置发现♯1、♯2 主变铁芯接地电流分别为 191mA 和 121mA，超出了《国网变电设备带电检测作业实施细则》中规定的铁芯接地电流小于 100mA 的要求。于是试验人员现场进行带电测试，当测试位置在传感器下方时，测试结果显示♯1、♯2 主变压器铁芯接地电流分别为 181.8mA 和 125.4mA。试验人员随即又在泄漏电流传感器上方进行测试，测试结果显示♯1、♯2 主变的铁芯接地电流分别为 0.9mA 和 0.8mA。

（2）原因剖析

传感器下方的铁芯接地电流测试数据与在线监测系统数据较吻合，说明传感器是正常的。试验人员仔细检查了传感器的安装，发现变压器铁芯接地线扁铁与传感器紧紧地贴在一起，在接地线扁铁与传感器接触部位，传感器表面的绝缘漆已磨损，露出了金属部分。

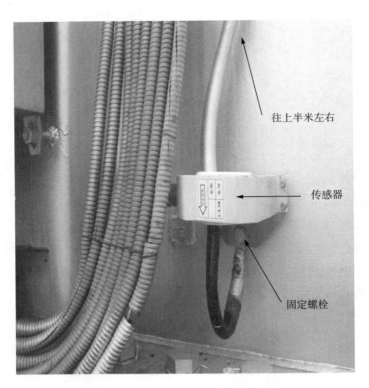

往上半米左右

传感器

固定螺栓

图 4-5 铁芯接地电流监测传感器

由于接地线扁铁和穿芯传感器金属部位接触，将钳形电流表钳在传感器下端测试，测试电流包括接地线扁铁中电流 I_1 和穿芯传感器线圈中感应电流 I_2，I_2 数值较大，导致现场测试电流超标。于是试验人员用纸和矿泉水瓶盖将变压器铁芯接地线扁铁与传感器隔开后进行测试，测试数据分别为 1.9mA 和 0.8mA，符合规程要求。确定铁芯接地电流在线监测数据超标是由传感器与铁芯接地线扁铁贴在一起所致。

（3）现场处理情况

针对接地线扁铁宽大，容易与穿芯传感器摩擦使传感器表面的绝缘漆磨损，导致接地线扁铁与传感器裸露金属接触，造成线圈中产生感应电流，从而引起测试值偏大这一现象，检修人员通过旁路接地，将接地线扁铁穿过穿芯传感器部分改造成圆形接地棒，彻底解决了接地线扁铁与穿心传感器摩擦的问题。改造后，用钳形电流表测试，穿芯传感器的上方与下方数据均一致。

（4）建议

在发现类似问题时，可将表计放置在穿芯传感器线圈上部，消除传感器外壳感应电流的影响，必要时对接地线扁铁进行改造。铁芯接地电流在线监测数据在一定程度上可反映设备状况，应对在线监测装置进行及时检查维护。

4.6.2.2 330kV 变压器铁芯接地电流异常的分析和处理

（1）基本情况

该变压器为特变电工沈阳变压器集团有限公司 2007 年 8 月出厂的 36 万 kVA 自耦

变压器，型号为 OSFPS9 - 360000/330GY，出厂编号为 06B12194，无载调压变压器。

该变压器铁芯为解体式铁芯，其结构如图 4-6 所示，四个铁芯组成三相五柱式铁芯，便于运输和安装。

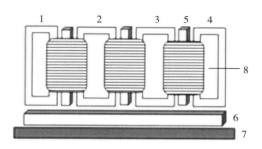

图 4-6 变压器铁芯结构

1、2、3、4—铁芯 1、2、3、4；5—铁芯间绝缘，6mm 绝缘纸板；

6—铁芯与夹件间绝缘，2mm 绝缘纸板＋10mm 绝缘垫块；7—夹件；8—绕组

（2）故障现象

通过铁芯接地电流在线监测发现，该变压器铁芯 2、3 接地电流从 7 月上旬开始呈增长趋势，随后夹件接地电流也呈增长趋势。到 7 月下旬，铁芯 2、3 接地电流达到 19A 左右，夹件接地电流达到 33A 左右，具体情况详见表 4-1。

表 4-1 铁芯、夹件接地电流测试值　　　　　　单位：mA

时间	夹件	铁芯 1	铁芯 2	铁芯 3	铁芯 4
7 月 20 日	33300	2	19000	19000	2.7
7 月 22 日	34800	3.2	19000	19000	3.4
7 月 24 日	33100	2.1	19160	19180	2.7
7 月 26 日	32200	2.4	18900	18900	2.9
7 月 28 日	33300	2.7	18900	18900	2.8
7 月 30 日	32400	2.1	18900	18900	2.6

7 月 30 日取油样进行油色谱试验，总烃值为 $296.3\mu L/L$，超过 $150\mu L/L$ 的注意值，主要增长部分为甲烷和乙烯，利用三比值法分析得出内部存在过热性故障。综合各方面情况，初步分析判断为多点接地故障。

鉴于夹件接地电流受变压器所带负荷影响较明显，其过热点仅限于故障点和夹件焊接点，没有铁芯接地造成的危害大。同时由于时值盛夏用电高峰期，不适合停电处理，现场决定在铁芯接地引线处串入限流电阻，同时将铁芯、夹件接地电流测量改为每 2 小时一次，以减小引发变压器事故的风险。加装限流电阻后，铁芯 2、3 的接地电流减小到 34mA 左右，夹件接地电流呈"时大时小"的变化规律，变化范围在 10.7mA 到 30.7mA 之间。

根据铁芯 2、3 接地电流基本相等和夹件接地电流变化情况，推断变压器可能故障的原因为：铁芯 2、3 之间由于运行振动导致绝缘纸板破损，导致铁芯 2、3 之间短接，

造成铁芯多点接地，继而破坏了夹件与铁芯之间的绝缘。

（3）故障分析和处理

9月份，该变压器停电内检，用2500V兆欧表测得铁芯各部分绝缘电阻。接地线全部打开测试时，铁芯2、3之间绝缘电阻为零；接地线依次打开测试时，铁芯2、3对地绝缘电阻为零，证明了铁芯2、3之间短接的推断。根据生产厂家技术人员分析，铁芯上下端部为绝缘薄弱点，由于铁芯2、3之间的短接引起的多点接地造成环流，导致铁芯与夹件之间产生可逆的绝缘损坏，从而发生夹件接地电流时大时小的异常情况。由于现场不具备维修条件，返厂维修费用较高，并且变压器铁芯2、3已形成短接，决定将铁芯2的接地线打开，使铁芯2和铁芯3只形成一个接地点，避免出现多点接地情况，同时保证铁芯与夹件间绝缘不被损坏。

（4）结论

根据统计，铁芯、夹件接地故障已成为变压器频发故障之一。当出现铁芯多点接地故障时，要进行综合测定，在全面分析检查后，再视现场具体情况选择处理方案，切不可盲目进行放电冲击或电焊烧除，以免造成绝缘损坏，从而使故障扩大。

第5章 金属氧化物避雷器在线监测装置运维技术

5.1 概 述

　　避雷器主要用于限制由线路传来的雷电过电压或由操作引起的内部过电压，是保证电力系统安全运行的重要保护设备之一，它的正常运行对保证系统的安全供电起着重要作用。变电站、输电线路是雷击灾害的高发区，无论是直击雷还是感应雷，都可能给区内设施造成损坏，同时也可能对与其相连甚至相近的外部设备带来冲击。因此，电力系统的高压线路送至用户自备变压器前，应该装配一套完善的防雷保护装置。金属氧化物避雷器由于其良好的非线性特性，在电力系统中获得了广泛的应用，它的正常运行对保证系统的安全供电起着重要的作用。根据电力部门多年的运行经验和数据总结可知，避雷器在运行中将长期承受工作电压，会出现氧化锌阀片的老化，或因其绝缘密封破坏而导致受潮等从而引起爆炸。通过监测避雷器的运行状态来反映避雷器在运行过程中的状况，可以为运行检修人员提供可靠的设备绝缘信息和科学的检修依据，从而达到减少生产事故的发生、延长检修周期、减少停电检修次数和检修时间，从而达到提高设备利用率和整体经济效能的目的。

　　避雷器绝缘在线监测单元是应用现代微电子技术、先进传感器技术，应用状态监测的新型测量元件、设备，成功开发、研制、生产出的计算机化的在线监测装置。它通过监测流过避雷器氧化锌阀片的泄漏电流来对避雷器的绝缘性能进行实时判断。该产品的研制与生产促进了电力系统在线监测技术的发展和应用，可以提高电力系统避雷器绝缘在线监测的自动化水平，实现电气设备故障早期诊断，以及实现设备的及时检修。可广泛应用于大型火力发电厂、水电厂、变电站等的 35kV～1000kV 避雷器绝缘在线监测，尤其适用于无人值守的变电站。

5.2 技术原理

5.2.1 表头式避雷器监测传感器

表头式避雷器监测传感器串接在避雷器的接地回路中（图 5-1），是一种智能传感器，其中的毫安表用于监测运行电压下通过避雷器的泄漏电流的有效值，动作次数则用来记录避雷器在过电压下的动作次数。智能传感器除了具备传统避雷器的监测功能外，它还能对全电流进行采集，并通过谐波法进行分析计算，从而将阻性电流从全电流中分离出来。避雷器监测 IED 会对现场所有避雷器监测智能传感器的全电流、阻性电流和动作次数信息进行收集与处理，并将这些信息有序地存入本地数据库中，以便上层 IED 读取及处理。此外，当避雷器遭受过电压时，智能传感器会将当时的动作时间主动上报给避雷器智能组件 IED，及时地做到了实时的监控。

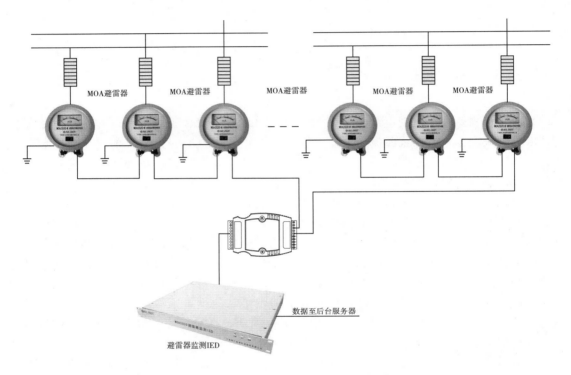

图 5-1　表头式避雷器监测传感器现场连接方式

5.2.2　穿心式避雷器监测传感器

穿心式避雷器绝缘在线监测单元采用容性电流补偿技术，就地对获得的泄漏电流信号进行数字化处理，精确获得被测信号的工频基波相位信息，然后上传至监测 IED，由监测 IED 计算出该避雷器的阻性电流和全电流（图 5-2）。该系统对氧化锌避雷器阻性电流基波分量的监测，采用了与电容型设备类似的方法，由避雷器测量单元和基准电压测量单元共同完成。此类避雷器监测单元可以测出避雷器接地端的泄漏全电流的幅度和相位以及它与交流电源的相位差。电压采样单元，可以测得系统电压的幅度和相位以及它与交流电源的相位差，通过这两信号相位和交流电压信号的差分量可以计算出避雷器的泄漏电流和系统电压的相位差，以及全电流中的容性电流分量和阻性电流分量。在交流作用下，避雷器的总泄漏电流（全电流）包含阻性电流（有功分量）和容性电流（无功分量），在正常情况下，流过避雷器的电流主要为容性电流，阻性电流只占很小一部分。当阀片老化、受潮、内部绝缘部件受损以及表面有严重污秽时，容性电流变化不大，而阻性电流却大大增加，所以目前对避雷器主要进行阻性电流的在线监测，而监测阻性电流的关键是从阻容共生的总电流中分离出微弱的阻性电流。

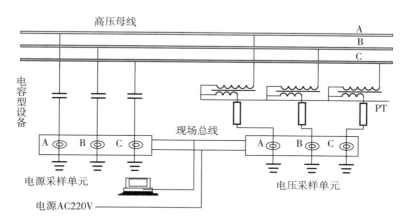

图 5-2　穿心式避雷器绝缘监测系统测量原理

5.3　装置结构

5.3.1　表头式避雷器监测传感器

表头式避雷器监测传感器是由新型超薄氧化锌阀片、2 位电磁计数器、毫安表、隔离采样模块以及通信隔离模块等构成。所有元件都固定在一圆柱形金属壳内，采用 O 型圈密封保证设备可以达到 IP68 的防水等级。

5.3.2　穿心式避雷器监测传感器

穿心式避雷器监测传感器由电源板、传感器、采集板、主控单元及光纤收发器等部件组成，其原理框图如图 5-3 所示。电源板：为系统提供稳定的直流电压，是系统稳定工作的前提。传感器：将现场避雷器泄漏电流信号转换为电信号，并传递给采集板。采集板：将传感器输出的交流信号进行数字化，并进行初步的运算，然后将原始数据上传至主控单元。主控单元：将采集板采集的原始数据进行高精度运算，并将最终的计算结果输出。

图 5-3　穿心式避雷器监测传感器原理框图

5.4 技术要求

5.4.1 通用技术要求

金属氧化物避雷器绝缘在线监测装置的基本功能、绝缘性能、电磁兼容性能、环境性能、机械性能、外壳防护性能、连续通电性能、通信功能、可靠性及外观和结构等通用技术要求应满足《变电设备在线监测装置通用技术规范》。

5.4.2 接入安全性要求

金属氧化物避雷器绝缘在线监测装置的接入不应改变主设备的电气连接方式，不影响主设备的密封性能、绝缘性能及机械性能，电流信号取样回路具有防止开路的保护功能，电压信号取样回路具有防止短路的保护功能，接地引下线应保证可靠接地，满足相应的通流能力，不应影响现场设备的安全运行。

1）金属氧化物避雷器绝缘在线监测装置应采用穿芯式电流传感器进行取样。

2）对于在接地线上取样的，应在避雷器底座与计数器上端之间的连接线上安装传感器，穿芯导线通流能力应不低于原有接地线。

3）对于并接在计数器两端取样的，接线应使用截面积不低于 2mm×2.5mm 的铠装双绞屏蔽软电缆，电缆铠装及屏蔽应可靠接地，并应在取样回路中采取不影响计数器正常动作的技术措施。

5.4.3 功能要求

1）应具备长期稳定工作的能力，具有断电不丢失数据、自诊断、自复位的功能。

2）应具备现场校验用接口，能够安全、方便地接入标准测量仪器。对监测装置测量结果进行比对；接口应安全可靠，可通过旁路开关等类似装置，在运行旁路系统，方便标准信号的输入，旁路接地必须可靠，从而便于运行现场定期校验。

3）应具备对金属氧化物避雷器的全电流、阻性电流、阻容比、运行电压等状态参量进行连续实时或周期性自动监测、记录和远程传输等功能，监测数据的更新速度不应低于 1 次/15 分钟，并能提供每小时及每天的数值。本地应能存储至少 1 年的数据，并能通过外部接口导出历史数据。

4）应具有异常报警功能，包括监测数据超标、监测功能故障和通信中断等报警功能。报警设置可修改，报警信息应能实现实时远传，且因监测装置原因引起的不同类型的异常报警应能通过不同的报警信号加以区分，装置自诊断信息应能实现实时远传。

5.4.4 性能要求

金属氧化物避雷器绝缘在线监测装置的性能应满足表 5-1 的要求：

表 5-1　金属氧化物避雷器绝缘在线监测装置技术指标

监测参量	测量范围	测量误差	测量重复性	抗诺波干扰性能
全电流有效值	$10\mu A\sim$ $500mA$	±（标准读数 $\times2\%+5\mu A$）	$RSD<0.5\%$	—
阻性电流基波峰值	$10\mu A\sim$ $10mA$	±（标准读数 $\times5\%+2\mu A$）	$RSD<1\%$	运行电压中 3、5、7 次诺波含有率均小于 2% 时，测量误差仍满足要求
阻容比值	$0.05\sim0.5$	±（标准读数 $\times2\%+0.01$）	$RSD<3\%$	

5.5　装置巡视及维护

1）避雷器在线监测装置数据中断，存在以下两种情况：

a. 检查其他在线监测装置数据上传状态，如数据上传正常，则检查后台到 IED 通信（图 5-4）是否正常，若通信异常查看后台与 IED 之间物理连接是否正常，查看现场 IED 柜内光纤收发器（图 5-5）是否正常运行，检查光纤中间是否存在断开或光纤盒内原光纤熔接是否存在问题。若后台不存在其他在线监测装置接入，只接入避雷器在线监测装置，则通过 61850 软件对下端装置数据进行搜索。若无数据上传，则对通信及下端 IED 进行检查；若有数据上传，则检查在线监测后台上送及接收程序是否正常运行，检查后重启在线监测后台。

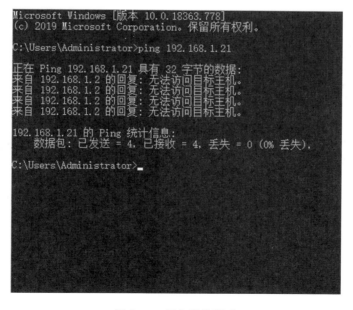

图 5-4　网络通信测试

b. 若物理通信正常则检查现场 IED 运行工况（图 5-6），检查内容如下：

图 5-5　现场 IED 测试

检查 IED 电源是否正常，通过现场避雷器 IED 外部带电指示灯进行判断，若 IED 外部无任何显示灯，则通过万用表进行判断。通过万用表检查电源是否正常，采集板电源是否正常。目前厂家 IED 供电基本都是采用交流 220V 供电，内部采集板供电基本为直流 24V 供电。

图 5-6　IED 运行状态

检查 IED 通信模块是否正常，若通信不正常存在两种可能：

① 通信模块损坏。

② IED 故障。检查 IED 下端接线端子是否存在问题，现场避雷器采用的通信方式

为485通信，现场检查线路，若存在松动或接触性不好的情况，就需要对现场端子进行加固或更换。将IED进行重启后测试网络连接（图5-7），若依然通信异常，则判断现场IED主板损坏，需要更换。

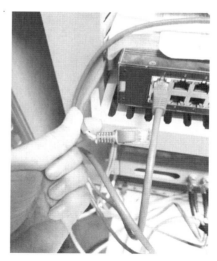

图5-7　后台网络连接中断

2）穿心式避雷器在线监测装置单只或多只存在问题时，通过以下三种情况进行判断：

a. 避雷器装置内部电源板异常，可将现场避雷器在线监测装置采集板上面电源指示灯（图5-8）作为参考，若指示灯异常，采用万用表进行测量，测量电源板上进线电源，然后再测量电源板上出线电源，若整台在线监测装置电源（图5-9）供电无异常，则检查采集板。

图5-8　机柜网线连接

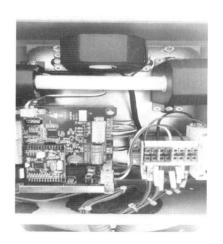

图5-9　在线监测装置电源

b. 避雷器装置内部采集板异常，先用485转USB的装置通过通信线连至通信端子，用软件进行查看是否能正常读取数据，读取的数据是否正常，若是采集板问题，则更换采集板。

c. 若多次出现多只避雷器在线监测装置损坏，应检查装置供电稳定性。若存在供电电压不稳情况，可在现场避雷器在线监测装置电源处加装稳压器。

3）表头式避雷器在线监测装置单只或多只存在问题时，通过以下三种情况进行判断：

a. 避雷器表头老化，装置投入年限较长，装置本身存在很大的问题，例如装置本身进水，装置航插处锈化导致通信不通等，只能通过更换装置进行处理。

b. 避雷器无数据，需要到现场对表头进行确认，通过钳形电流表对装置短接线进行测试，排除主设备引线无电流情况，再对表头是否有数据进行判断，若表头无动作，则需更换避雷器在线监测装置表头。

c. 表头有动作，则需要对下端 485 通信线进行问题检查。

5.6 典型故障处理及案例分析

5.6.1 典型故障处理

5.6.1.1 后台采集不到所有数据

1）检查硬件物理连接是否正常，光纤收发器和 IED 供电是否正常，Ping IED 的 IP 地址，判断通信是否正常，不通再检查收发器是否正常；利用 Remote 软件连 IED，看 IED 是否运行正常，不正常则检查 IED 硬件，有问题就需要更换工控机。

2）确认监测装置已经正常运行。

3）确认添加的协议是否和现场监测装置发送数据时采用的协议一致，特别要确认监测装置发送数据时用的端口号、IP 地址。

4）监测装置采用网络（61850 除外）发送数据时需确认是否配置 MAC 地址。

5）配置 MAC 地址的方法：

a. 右击"我的电脑"→"管理"→"设备管理器"，找到接收采集程序数据的网卡（图 5-10），右击该网卡点击"属性"。

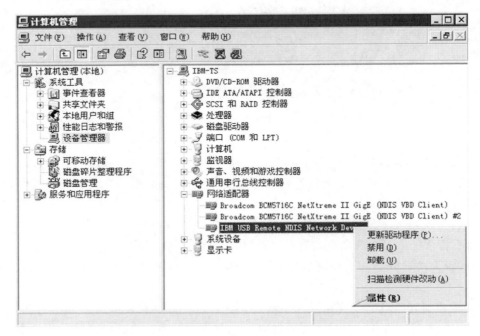

图 5-10 后台网卡状态

b. 重设网络地址。网络地址设定为"000C76A72A9D"，点击"确定"保存后退出（图 5 - 11、图 5 - 12）。

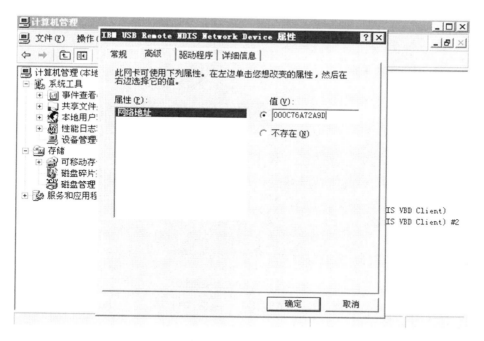

图 5 - 11　网络地址值

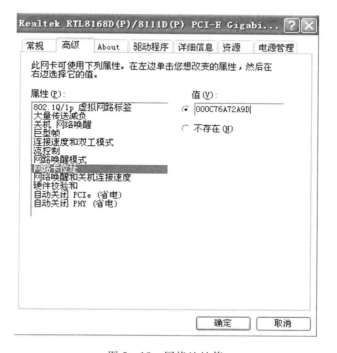

图 5 - 12　网络地址值

5.6.1.2 日志信息提示端口打开失败

1）检查系统通信协议设置里面是否启用了当前端口，如图 5-13 所示。

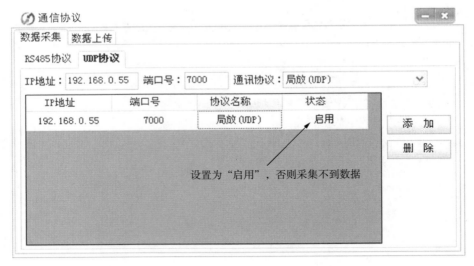

图 5-13 网络连接测试

2）检查当前端口是否被其他程序占用，例如：串口调试工具，如有则请关闭正在运行的程序再重新打开。

3）检查系统设备管理器里当前端口是否被禁用，如图 5-14 所示。如果被禁用，右击被禁用的端口选择启用即可。

图 5-14 串口连接状态

5.6.1.3 单个监测点数据无法采集

1）检查监测装置（图 5 - 15）供电是否正常，如果正常，则检查主板指示灯状态是否正常；若不正常，则测量主板供电是否正常，不正常就需更换电源板。

电源板

主板

图 5 - 15 金属氧化物避雷器绝缘监测装置

2）主板指示灯闪烁正常，检查该监测单元的 ID 号是否正确，检查监控软件上的 ID 号并进行核对，如果不正确，把该台设备主板上的 485 插件或者 485 线拆除后，用调试软件连接该台设备，具体操作参考调试步骤分配正确的 ID 号。

3）检查主板运行状态，采集参数配置正常，重启后仍无法消除故障，就需更换主板。

注意：更换主板应断电，用计算机通过 485 转换器连接单台设备，使用相关软件写入正确的 ID 号，按一下主板上的复位按钮，检查通信是否正常。

4）若主板运行正常和设置参数正确，数据仍采集不到，可把参考传感器的插件和测量传感器的插件进行对调，用调试软件读取数据，若读取数据正常，说明主板正常，否则需要更换测量传感器。

5.6.2 案例分析

5.6.2.1 一起避雷器在线监测告警缺陷的处理

（1）基本情况

××公司××变电站 220kV 线路避雷器从 3 月 1 日 10 点起间歇性出现 C 相阻性电

流"越报警上限"故障，在线监测系统全电流约 $670\mu A$，阻性电流峰值最高达 $213\mu A$，避雷器型号为 YH1OW-200/496W。3 月 3 日，高压班人员采用 PT 二次取电压测量法对××公司××变电站 220kV 线路避雷器进行带电测试，数据未出现明显异常，详见表 5-2。

表 5-2　金属氧化物避雷器绝缘在线监测数据表

相别	运行电压下泄漏总电流（μA）		阻性电流（μA）	角度
	监测仪	有效值		
A	639	616	107	82°
B	556	542	95	82°
C	600	567	99	83°

（2）原因剖析

对比数据后发现，在线监测阻性电流值高出正常值 1 倍，带电测试后工作人员制定跟踪措施，3 月 11 日，高压班人员对××公司××变电站 220kV 线路避雷器再次进行带电测试，数据未变化，经综合分析后初步判定避雷器 OMDS 在线监测装置故障。3 月 26 日，省级电科院人员携带其他型号仪器对××公司××变电站 220kV 线路避雷器带电试验，B 相阻性电流约 $149\mu A$，数据合格，但不同型号仪器测量结果存在较大误差，后经在线监测维护人员对避雷器 OMDS 在线监测传感器电路板进行更换后，避雷器在线监测数据恢复正常，阻性电流约 $110\mu A$。

（3）建议

上述告警故障案例中，虽然最终确认是在线监测系统电路板问题仪器阻性电流越上限报警，但不同时间不同仪器带电测试的结果却明显存在差别，数据可靠性不稳定。结合近期开展的在线监测实用化分析比对工作来分析，根据避雷器在线监测数据的以往统计：在重复性方面，全电流波动在 10% 以内的占 93.45%，阻性电流波动在 10% 以内的占 75.14%；在准确性方面，全电流与带电测试偏差≤10% 占 98.6%，阻性电流与带电测试偏差≤30% 占 77.40%，总体可以满足要求。

5.6.2.2　一起避雷器在线监测装置数据中断的处理

（1）基本情况

安徽某 220kV 变电站避雷器在线监测装置采用表头式的传感器，装置通过读取计数器数值监测避雷器泄漏电流。该 220kV 变电站故障设备 2 个间隔的 6 支避雷器在线监测装置中断。

（2）原因剖析

通过观察现场在线监测柜发现，现场避雷器在线监测由三根 4 芯的软导线控制。经过逐一排查发现，无柴线、福无线由单独的线缆控制。该 4 芯软导线，其中 2 芯是 24V 电源控制线及两根 485 信号线。经万用表测量，发现 24V 电源线电压为 6V，485 通信线电压为 5V，由此判断避雷器在线监测装置供电电压不稳。万用表测量电源线电压为 6V，说明线缆线损过大导致压降或线缆断裂。拆除在线监测柜处电缆接头，将 4 芯线缆两两短接，再通过万用表测量通断，发现通信不通，判断为线缆断裂。

（3）建议

由图 5 - 16 可以看到避雷器下方并无电缆沟、硬井等可穿线通道。根据现场勘查，发现原线缆为开挖预埋至避雷器在线监测系统箱内，线缆损坏后只能重新开挖敷设线缆。原线缆为 RVV4×1 线缆，该线缆并无铠装。更换为 KYJVP22 4×1 铠装线缆，防止线缆被小动物破坏。

图 5 - 16　金属氧化物避雷器
绝缘监测装置

第6章 GIS特高频局部放电在线监测装置运维技术

6.1 概 述

气体绝缘金属封闭开关设备（Gas Insulated Switchgear，以下简称 GIS）由于占地面积小、结构紧凑、可靠性高、噪声低和日常维护工作量小等优点，在现代电力系统中得到了广泛的运用。GIS 设备的缺点是结构复杂、封闭性强，当内部发生绝缘故障时会造成大范围的停电，并且检修所需时间也要比常规设备长。

目前主要影响特高压 GIS 设备稳定运行的是局部放电隐患。当特高压 GIS 内部存在局部放电时，将导致设备绝缘能力降低甚至造成故障跳闸，影响波及范围非常大，严重的会引发连锁反应，导致电网振荡。

目前在发现特高压 GIS 设备局部放电隐患方面，特高频局部放电检测技术是一种行之有效的手段。

6.2 技术原理

GIS 特高频局部放电在线监测是基于特高频（UHF）法检测 GIS 内部局部放电的原理，用特高频探头接收 GIS 内部由局部放电辐射出的特高频波段的电磁波。当 GIS 内部发生局部放电时，局部放电过程会产生宽频带的电磁暂态和电磁波。不同类型局部放电的电击穿过程不尽相同，从而产生不同幅值和陡度的脉冲电流，因此产生不同频率成分的电磁暂态和电磁波。例如：空气中电晕放电所产生的脉冲电流具有比较低的陡度，能够产生比较低频率的电磁暂态，主要分布在 200MHz 以下；相比之下，SF_6 气体中局部放电所产生的脉冲电流具有比较高的陡度，所产生的电磁暂态的频率能够达到 1GHz 以上。局部放电能够产生宽频带的电磁暂态和电磁波，在不同频段均可进行局部放电信号传感，之所以要采用 UHF 传感（0.3GHz～3GHz），是因为特高频电磁波信号在 GIS 内部传播衰减较小，有利于局部放电信号的检测，另外在特高频范围内（400MHz～3000MHz）提取局部放电产生的电磁波信号，大大减少了外界干扰信号（干扰信号的频率多在 400Mhz 以下），可以极大地提高 GIS 局部放电检测（特别是在线检测）的可靠性和灵敏度。

6.3 装置结构

GIS 特高频局部放电在线监测装置由特高频传感器、数据采集单元、数据集中处理单元、高频电缆或光纤、后台工控机等组成。特高频传感器接收的局部放电信号通过高性能同轴电缆接至现场数据采集单元，进行信号滤波、放大、检波等处理；通过高频电缆传输到数据集中处理单元，经过数字化采样的原始数据通过光纤（网线）接口上传至后台局部放电监测系统；局部放电监测系统包含有专用局部放电分析处理软件，可对采集终端上传的数据进行进一步处理，实现局放信号的最终显示。

6.3.1 特高频传感器

GIS 局部放电传感器采用特高频检测技术，分为 GIS 内置式和 GIS 外置式。

GIS 内置式传感器（图 6-1）安装在 GIS 小型法兰上，此类型传感器具有灵敏度高、抗外部干扰能力强等特点，但需要 GIS 设备出厂时内置到 GIS 内部。

GIS 外置式传感器（图 6-2）安装在 GIS 盆式绝缘子外部，采集通过绝缘子处辐射出来的特高频信号。

图 6-1　局部放电内置式传感器

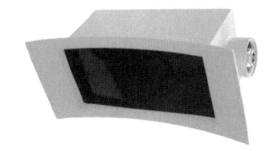

图 6-2　局部放电外置式传感器

6.3.2 现场局部放电数据采集单元

数据采集单元（图 6-3）接收从传感器采集过来的信号，内部包括滤波保护器、放大检波单元、供电单元、相位信息采集单元等。数据采集单元把传感器采集的信号进行分析统计处理后转换为光信号，然后通过光纤传输到数据综合处理单元。

现场局部放电数据采集处理单元（图 6-4）可以接入 7 个传感器，其中一路可以用来接入噪音信

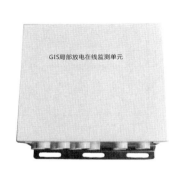

图 6-3　数据采集单元

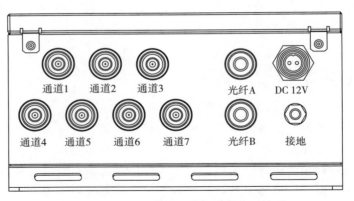

图 6 - 4　现场局部放电数据采集处理单元

号。光纤接口用于和数据集中处理单元通信，电源采用直流供电。考虑到室外现场安装的需要，其每路接口都预留了浪管接头，方便外加金属软管进行防护。

6.3.3　现场数据集中处理单元

数据集中处理单元（图 6 - 5）一般一个站或一个区域内配置一套，主要由光纤交换机、局部放电在线监测 IED、供电单元等组成。局部放电数据采集单元从传感器接收过来局部放电信号，进行分析处理后采用定制的光纤跳线将数据上传到局部放电在线监测 IED。局部放电在线监测 IED 内部的程序对采集上来的数据进行进一步分析处理，同时利用故障模型库和报警的原始数据进行比对，识别故障。如果识别到故障或超过阀值则发出报警信息。

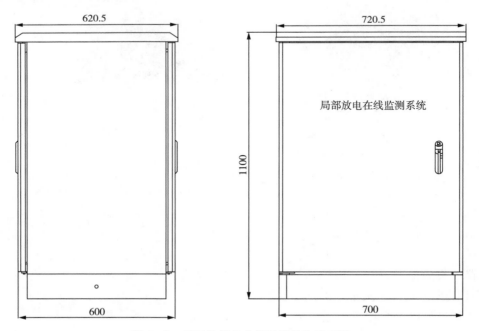

图 6 - 5　现场数据集中端子箱结构示意图

6.3.4　后台工控机监控工作站

局部放电在线监测所有的操作和设定通过在线监控工作站来完成。

监控工作站安装在主控室上位机上，连接好通信线路后，可以实时自动连续采集局部放电数据，通过后台分析处理数据，显示提取的局部放电信号特征量，设定报警阈值、调整分析周期等。它同时具有报表打印、故障分析判断、自动报警等功能。系统软件界面友好、使用方便，能对监测数据进行大容量、长时间保留，有利于 GIS 设备的管理。

一台监控工作站可以同时监控多台主机（图 6-6）。

图 6-6　局部放电监控主机

6.4　技术要求

6.4.1　接入安全性要求

1）监测装置的接入不应改变被监测 GIS 设备的电气连接方式，不影响密封性能、绝缘性能、机械性能等各项性能指标。

2）采用内置传感器时，内置传感器应由 GIS 生产厂家在制造时安装，应保证传感器的尺寸、结构与被监测 GIS 设备相匹配，并不低于被监测 GIS 设备设计使用寿命，连同 GIS 本体一起进行出厂试验。传感器应采用与被监测 GIS 设备相同的密封工艺和材料等。

3）采用外置传感器时，应保证不改变被监测 GIS 设备的结构与连接，不得影响 GIS 盆式绝缘子结构的密封性能、外壳接地和通流性能。外置传感器的设置，原则上应不拆动 GIS 的任何部件。

4）特高频传感器应能承受国家标准 GB/T 7674 规定的额定运行电压、操作过电压和冲击过电压。

5）传感器外壳应可靠接地，传感器的输出端应具备限压保护功能，空载输出电压应不危及人身安全。

6）监测装置的装设应满足以下要求：与附近高压带电部件和区域具有足够的安全距离；有效防护雷电、开关操作产生的过电压和地电位升高；不产生涉及电源、电磁兼容和网络通信等方面的安全隐患，不影响变电站其他系统的安全运行。

6.4.2　装置要求

1）装置应满足模块化和标准化要求，并预留足够的通道，方便扩充数据采集单元和传感器，支持热插拔和互换性要求。

2）装置应具有外同步信号输入接口，能安全接入如电压互感器（PT）二次信号、外部调频电源及函数信号发生器等不同触发源信号，以便监测不同电压频率下的局部放电信号，生成局部放电特征谱图。

3）现场信号采集控制单元及监测主机应采用可靠的专用供电电源。

4）监测软件界面友好，方便用户使用，进口产品应使用中文版本软件。

5）用户可通过局域网对监测装置进行远程访问。

6）装置应具备现场校验测试接口，方便用户开展现场调试和检测。

7）监测主机的操作系统应采用 Windows 7 或 Windows Server 2012 及以上版本的操作系统，并按信息安全要求安装杀毒软件，进行安全加固等。

6.4.3　监测功能

1）装置应具备被监测 GIS 设备局部放电的自动采集、信号调理、模数转换和数据的预处理功能。

2）装置应满足为每个监测传感器配有独立的采集通道的要求，可实现连续、实时的采样功能，不应采用分时复用的方式进行轮巡采样和多通道局部放电相位分布图（PRPD）、脉冲序列相位分布图（PRPS）同时实时显示的软件航图。

3）装置应具备对局部放电幅值（最大放电量、平均放电量）、相位、频次等局部放电基本特征参量进行连续实时自动监测、记录的功能。

6.4.4　记录功能

1）装置应提供 PRPD、PRPS 等放电特征谱图，并可连续实时显示监测点的 PRPS 三维谱图。（PRPD 谱图：表征局部放电信号的幅值、频次与被测设备交流电压相位的关系，可展示出放电信号在一段时间内的相位分布特性。PRPS 谱图：表征局部放电信号的幅值、相位随时间变化的关系，可展示放电信号在一段时间内的连续变化特性，通常不少于 50 个工频周期。）

2）装置应提供局部放电信号幅值及频次变化的趋势图，可按设置的时间间隔（如：1、5、15 分钟等）显示一段较长时段内（如：1 天、1 月、1 年等）的趋势图。

3）装置应按照不低于 1 次/5 分钟的频率记录放电幅值、放电量平均值、相位、频次等基本特征参量。

4）装置应具备数据存储功能，至少储存最近 1 年内的放电幅值、相位、频次等基本特征参量和 PRPD、PRPS 等谱图信息，并能通过外部接口导出历史数据。

6.4.5　报警功能

1）应具备监测结果异常、监测功能故障和通信中断等异常情况的自动报警功能。

2）报警策略可综合应用阈值报警、关联报警和趋势报警等多种预警方法。

3）报警信息应能明确区分监测数据异常、装置自检异常等不同类型的异常情况。

4）报警信息应实时远传，报警策略设置应可修改。

6.4.6　分析展示功能

1）装置应能实时展示各监测点 PRPS、PRPD 等谱图。

2）应具备放电类型识别功能，可准确判断 GIS 内部的自由金属颗粒放电、悬浮电位体放电、沿面放电、绝缘件内部气隙放电、金属尖端等典型放电类型，并可用统计的方式明确给出各种放电类型所发生的概率。

6.4.7　抗干扰功能

装置应具备在现场复杂电磁环境下，有效抑制和排除背景干扰的能力，可采用滤波、屏蔽、识别、定位等抗干扰技术，保证监测有效性。

6.4.8　自检测与自恢复功能

1）装置应具有自检测功能，提供装置运行状态定时自检信息，记录故障日志，检测周期可设置。

2）装置应具有自恢复功能，当出现类似异常供电终止等情况后，装置能够自动恢复正常运行，且存储数据不丢失。

3）监测主机应具备"看门狗"功能，当出现类似异常供电、装置系统死机、软件卡死等情况后，在电源正常的情况下，装置能够自动恢复正常运行，且存储数据不丢失。

6.4.9　监测性能要求

（1）传感器频响特性

传感器在工作频带内平均有效高度不应小于 9mm。

（2）检测灵敏度

监测装置（含传感器）在 GTEM 小室中检测 7V/m（或 17dBVh）的瞬态电场强度峰值时的信噪比不应低于 2 倍（或 6dB）。

（3）动态范围

监测装置的动态测量范围不应小于 40dB，在动态范围内检测结果应能有效反映局部放电强度的变化。

（4）监测有效性

根据外置传感器配置方案，监测装置应能检测到发生在被监测设备内部各处的、放电量不超过 20pC 的局部放电信号，并可准确判断放电缺陷的类型。为保证监测灵敏度，UHF 传感器的配置不应低于以下的配置方案：

1）500kV HGIS 设备。一个完整串 18 个传感器，GIS 母线每间隔 6m 布置 1 个传感器。

2）500kV GIS 设备。一个完整串 36 个传感器，GIS 母线每间隔 6m 布置 1 个传感器。

3）220kV GIS 设备（母线分箱结构）。主变、出线间隔 12 个，母联、分段、PT 间隔 6 个，GIS 母线每隔 10m 布置 1 个传感器。

4）220kV GIS 设备（母线共箱结构）。主变、出线间隔 12 个，母联、分段、PT 间隔 6 个，GIS 母线每隔 10m 布置 1 个传感器。

5）110kV GIS 设备（分箱结构）。主变、出线间隔 9 个，母联、分段、PT 间隔 6 个，GIS 母线每隔 10m 布置 1 个传感器。

6）110kV GIS 设备（共箱结构）。主变、出线间隔 3 个，母联、分段、PT 间隔 2 个，GIS 母线每隔 10m 布置 1 个传感器。

6.4.10 通信功能

1）监测装置内部通信接口应满足监测数据交换所需要的、标准的、可靠的现场工业控制总线或以太网络要求，外部通信接口应满足与在线监测综合处理单元交互所需要的以太网络要求。

2）监测装置与在线监测综合处理单元应采用统一的通信协议和数据格式，应满足电力行业标准 DL/T 860 系列标准的相关要求，并能满足一致性测试要求。

3）在线监测系统与主站通信中断恢复后，中断期间的数据能够自动补传至综合处理单元，同时保证数据时间正确。

4）监测装置应具备简单网络时间协议（SNTP）同步对时功能。

5）凡上述未提及的内容，均依据电力行业标准《DL/T 860 实施技术规范》执行。

6.5 装置巡视及维护

1）检查特高频传感器的外观有无锈蚀，与 GIS 绝缘盆子接触是否紧密。

2）检查同轴电缆（双绞线）的连接有无松动和断裂。

6.6 现场校验

GIS 特高频在线监测装置与 GIS 一同进行出厂试验，但在型式试验、到货验收、定期检验等环节，一直缺乏系统性的检测体系，对其质量性能的管控存在一定不足，因此需要定期开展基于传输损耗的特高频内置传感器灵敏度现场校验。

6.6.1 试验目的

1）检测 GIS 内置式特高频传感器灵敏度是否存在异常；

2）检测 GIS 内置式特高频传感器布点数量和位置是否合理。

6.6.2 试验原理

试验原理如图 6-7 所示，将 GIS 两特高频传感器及其间的 GIS 结构等效为一个双端口网络，当特高频信号通过网络后，其幅度和相位均发生了变化，用 S 参数可以精确描述上述多端口网络中射频能量的传输和反射特性。

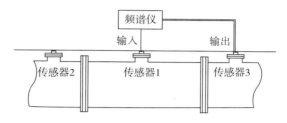

图 6-7 GIS 两特高频传感器及其间的 GIS 结构

S 参数描述了输入一个双端口的信号，到其中每个端口的响应。S 参数的下标中的第一位数字代表响应端，第二位数字代表激励端。如图 6-8 所示，S_{21} 表示端口 2 相对于端口 1 输入信号的响应；S_{11} 代表端口 1 相对于端口 1 的输入信号的响应，其中输入网络的信号标注为 a，离开网络的信号标注为 b。

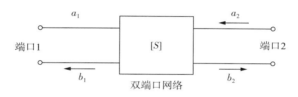

图 6-8 双端口的 S 参数

如果信号发生器接到端口 1，端口 2 接匹配负载，则双端口网络的入射波为 a_1，从网络返回端口 1 的反射波为 b_1；通过网络到端口 2 的信号为 b_2，从负载返回网络的反射波为 a_2。用这些电压波定义的端口 1 的 S 参数，其中 S_{11} 表示当端口 2 接匹配负载时，端口 1 的电压反射系数；S_{21} 表示当端口 2 接匹配负载时，从端口 1 到端口 2 的传输系数，即增益或损耗。

$$\begin{cases} S_{11} = \dfrac{b_1}{a_1} \bigg|_{a_2=0} \\[4mm] S_{21} = \dfrac{b_2}{a_1} \bigg|_{a_2=0} \end{cases} \tag{1}$$

如果要测量 S_{11}，我们会向端口 1 注入信号并测量端口 1 反射信号，在这种情况下，端口 2 是没有信号输入的。如果要测量 S_{21}，则向端口 1 注入信号，并测量出现在端口 2 的信号。

根据 S 参数的物理意义，S_{11} 参数越小，说明传感器的反射系数越小，传感器的输入输出性能越好；S_{21} 参数越小，说明两传感器间的传输损耗越小，相同灵敏度下的传感器的检测距离越远。

6.6.3 试验仪器

特高频内置传感器灵敏度现场校验需要的试验仪器详见表 6-1，包括万用表、N 型转接头、限压保护端子、特高频线缆、网络分析仪等。

表 6-1 现场校验所需仪器及性能参数

仪器	性能参数
万用表	最大量程不低于交流 800V
N 型转接头	L 型 2 个（公转母），T 型 2 个（1 个公头 2 个母头）
限压保护端子	衰减特性不大于 1dB
特高频线缆	衰减特性不大于 3dB
网络分析仪	S_{11}、S_{21} 参数测试功能　可测频率范围 300MHz～1500MHz 具有平均和平滑功能　测试频率间隔不大于 2MHz 输出功率不小于 −10dBm

6.6.4 试验步骤

传感器现场安装完毕后，需测量相同位置传感器的平均单端插入损耗。其中相同结构位置传感器是指同一串内不同相相同位置的传感器，和不同串相同位置的传感器。测量频率范围为 300MHz～1500MHz，测试频率间隔不大于 2MHz，推荐 801 个点，测量输出功率不小于 −10dBm，测量曲线可采用平滑（Smooth）模式，测试数据取 60 次平均。计算各频率点单端、双端插入损耗的几何平均值可得到几何平均单端、双端插入损耗。

（1）单端插入损耗（图 6-9）现场试验步骤

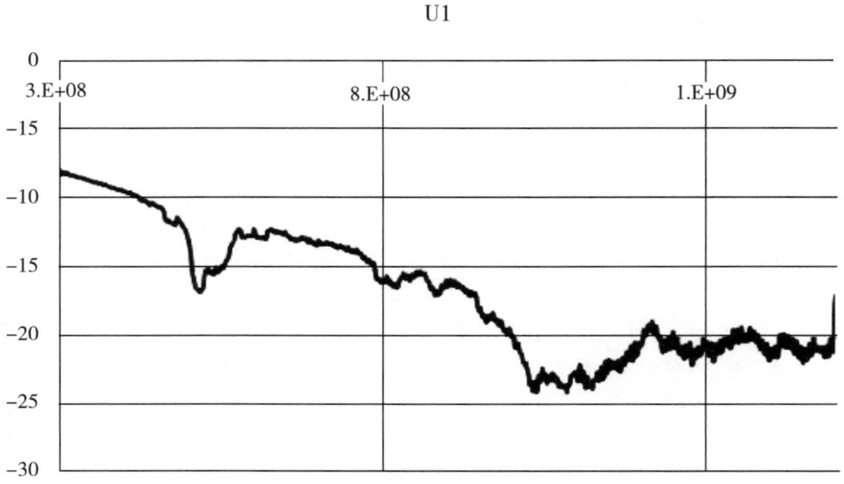

U1

图 6-9 单端插入损耗测量

断开特高频局部放电传感器输出接口与后端信号调理单元输入接口间的连接。用万用表测试传感器芯线与地的电压，确保输出电压小于5V。若输出电压大于5V，接入在输出端口需要带限压电阻的三通接头。

设置网络分析仪的频段为300MHz～1500MHz，测试频率间隔不大于2MHz，将所用的网络分析仪端口和所用测试的特高频线一起进行网络参数校正（开路、短路校正），选择S_{11}参数，检测点数设置为801个，60次平均。仪器自动完成测试。

（2）双端插入损耗（图6-10）现场试验步骤

U2-U1

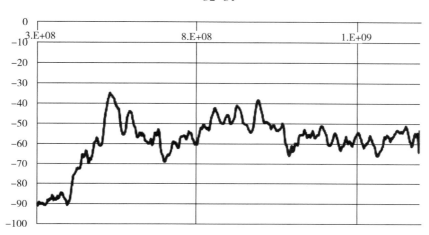

图6-10 双端插入损耗测量

断开特高频局部放电传感器输出接口与后端信号调理单元输入接口间的连接。用万用表测试传感器芯线与地的电压，确保输出电压小于5V。若输出电压大于5V，需要在输出端口接入带限压电阻的三通接头。

将所用的网络分析仪端口和所用测试的特高频线一起进行网络参数校正（开路、短路、直通校正），设置网络分析仪的频段为300MHz～1500MHz，测试频率间隔不大于2MHz，检测点数设置为801个，60次平均。选择S_{21}参数，仪器自动完成测试。

6.6.5 分析判据

1）单端插入损耗性能要求：相同结构位置传感器平均单端插入损耗相对偏差不超过±10%。

2）双端插入损耗性能要求：平均双端插入损耗不低于-70dB。

第7章 SF$_6$气体压力在线监测装置运维技术

7.1 概 述

SF$_6$气体具有良好的绝缘性能和灭弧性能，化学性能极其稳定，它在常压下的绝缘能力为空气的 2.5 倍以上，灭弧能力为空气的 100 倍，具有一般电介质不可比拟的绝缘和灭弧特性。现阶段它被广泛应用于高压电气设备中，SF$_6$气体的湿度、密度两项物理指标是否处于额定范围之内，决定着 SF$_6$气体的绝缘和灭弧性能是否符合要求，对设备能否安全可靠工作具有直接的影响。如果 SF$_6$气体泄漏导致密度下降或气体中微水含量超标，高压电气设备就会存在安全隐患甚至导致事故的发生。因此对 SF$_6$高压电气设备气体密度和微水含量的监测一直是相关行业对设备监测的重要组成部分。

水分对 GIS 运行的影响关键在于：如果没有将 SF$_6$气体控制在 0℃以下，则在温度变化时绝缘体表面会形成凝露，所附着的水珠和 SF$_6$电弧产物发生反应生成 HF 等低氟化物，从而导致沿面的绝缘材料和金属表面劣化。如果将 SF$_6$露点的允许值控制在较低值，则在温度变化时绝缘体表面凝结的不是水珠而是冰晶，它对绝缘性能几乎没有影响。因此，IEC（国际电工委员会）规定：充入 GIS 的新气体在额定密度下其带压露点不应超过-5℃（霜点）。

目前普遍离线测量微水含量，需要经过放气、补气的过程，操作麻烦且不安全，同时设备内的 SF$_6$气体的有毒分解物对操作人员的身体健康也存在很大的威胁，气体的回收及排放都需要较大的设备、人力和物力的投入。SF$_6$气体中微水及密度在线监测系统，改变了传统的离线测量方式，可以实时准确地测量 SF$_6$气体微水含量，为电力设备的正常运行保驾护航。

随着我国电力行业的快速发展，SF$_6$技术的广泛应用以及智能电网的建设，急需 SF$_6$电气设备的在线综合监测技术。

SF$_6$气体由于其固有的特性，目前是较为理想的绝缘及灭弧介质。但其微水含量、气体密度等都会对设备的运行、人员的安全、电网的可靠性带来直接的影响。因此对 SF$_6$电气设备的微水含量、气体密度的监测一直是相关行业对设备监测的一个重要的组成部分。有关部门相继制定了相关标准对 SF_6 气体质量特别是微水含量进行严格控制。《电力设备预防性试验规程》（DL/T596—1996）、《六氟化硫电气设备中气体管理和检验导则》（GB/T 8905—1996）、《IEEE Guide for Moisture Measurement and Control in SF_6 Gas-Insulated Equipment》（IEEE Std 1125—1993）等标准对水分的控制均采取水分对 SF_6 气体体积比（ppm）的形式。

SF$_6$ 气体微水密度在线监测系统改变了传统的费时费力并且污染环境的离线测量方式，可以实时准确地测量 SF_6 气体的多项指标，为电网的智能建设提供了重要的支撑。

7.2 技术原理

SF$_6$ 气体中微水及密度在线监测单元内置温度、压力、微水三种传感器用于对断路器 SF_6 气体的温度、密度、微水进行数据采集，经过 A/D 转换成数字量，再经单片机补偿运算及处理，通过 RS-485 等数据通信方式接入后台监控软件进行分析处理，同时可将 RS-485 网络与局域网互联，采用 TCP/IP 通信协议，遵循 IEC 61850 协议接入综合在线监测系统（图 7-1）。

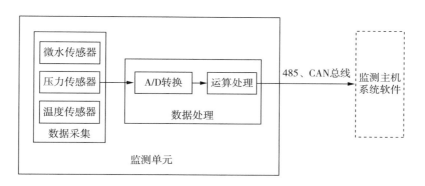

图 7-1 原理框图

7.3 装置结构

SF$_6$ 气体微量水分的计量方式是水分与气体的体积比（ppm），该值等同于水分压与气体总压力之比。因此可以通过检测水分压和气体压力换算气体的微水含量。水分压可通过检测气体的露点值换算获得，气体压力则必须通过压力传感器获得。该传感器除了包含可进行温度修正的温度传感器外，还需包含压力传感器。即该监测仪的传感器部分包含微水、压力、温度三个传感器（图 7-2、图 7-3）。

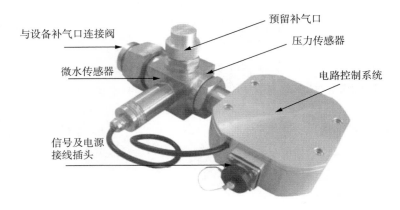

与设备补气口连接阀
预留补气口
压力传感器
微水传感器
电路控制系统
信号及电源
接线插头

图 7 - 2 结构外观示意图

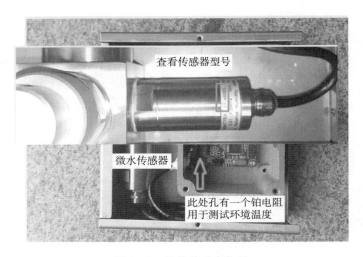

查看传感器型号
微水传感器
此处孔有一个铂电阻
用于测试环境温度

图 7 - 3 结构外观实物图

7.4 技术要求

7.4.1 高精度与高可靠性

变送器采用了进口高稳定性传感器，传感器经变送器内部电路的修正、补偿，其输出线性度好，精度高；变送器外部结构也更适于高频电场环境下的测量，它与电路处理部分融为一体，以减少干扰耦合，提高电路长期工作的稳定性和可靠性。

7.4.2 实现在线监测监控和状态检修

监测器可长期挂线运行。其配备的 RS-485/CAN 通信接口，可将监测数据实时上传至监控中心。当被测气体指标超标时，监测器将自动按事先设定的门限上传报警或闭锁信号至远方监控中心，或直接启动报警、闭锁装置。上位机软件可按设定的时间和频率，采样存储监测数据，并按需要将上述数据自动绘制成变化趋势图，供观察分析使用。

SF_6 气体综合在线监测技术的应用，实现了断路器的状态实时监测，有利于及时掌握设备的运行状态，保障电力系统的安全稳定运行，使状态检修得以实现，减少检修费用和停电时间，提高检修管理水平。

7.4.3 结构独特，安装使用方便

监测器采用全封闭设计，外形独特美观，传感器、电源、数据输出电路和监测显示器安装在同一机壳内，直接显示含水量的体积比数值（部分型号变送器）。它防水抗尘防爆，抗强电磁干扰，安装使用方便，可用于高频电场环境和室外环境。

7.4.4 技术参数

测量范围：$0 \sim 1000 \mu L/L$ 或 $-60℃ \sim +20℃$

测量精度：$\pm 5\%$ F. S.

报警门限：$300 \mu L/L$ 或自定义

测量范围：$0.1MPa \sim 1.00MPa$ 或定制

测量精度：$\leqslant \pm 0.5\%$ F. S. 或定制

报警门限：$0.52MPa$ 或自定义

报警解除：$0.53MPa$ 或自定义

闭锁门限：$0.50MPa$ 或自定义

闭锁解除：$0.51MPa$ 或自定义

测量范围：$-55℃ \sim +125℃$

测量精度：$\pm 0.5℃$

7.5 装置巡视及维护

7.5.1 例行巡视

例行巡视内容包括：

1）对监测装置设备外观、异常声响、异常气味、外部接线、数据监测等方面做常规性巡检；

2）检查装置外观保持清洁，铭牌、间隔名称、接地线标识等无污渍浸染；

3）检查装置运行后，系统各个单元有无异常声响、异常气味；

4）检查装置外部接线有无明显性的错误；

5）检查装置监测数据是否实时，判断数据是否合理。

7.5.2　专业巡视

专业巡视内容包括：

1）检查装置电源空气开关闭合状态，测试供电电压，一般采用 AC220V，正常工作电压波动在±20V 之间；

2）检查监测单元面板指示灯运行状态，电源灯常亮，运行灯闪烁，故障灯熄灭；

3）检查 RS-485 集线器指示灯运行状态，电源灯常亮，运行灯闪烁，故障灯熄灭；

4）检查光电收发器指示灯运行状态，电源灯常亮，运行灯闪烁，网口指示灯 T＋/T－对应 R＋/R－，闪烁正常；

5）检查光纤跳线完损情况，无明显折痕、断裂，光口无磨损；

6）检查传感器 RS-485 接线、电源接线、运行电压等，RS-485 接入端电压 DC24，末端电压不低于 DC23.2V；接入电压 DC12V，末端电压不低于 11.6V；

7）检查监测单元与后台监测主机通信情况，IP 网络正常，交换机、光电收发器等网络测试正常；

8）检查后台监测主机与内网通信情况，测试网络正常，数据包传输正常。

7.6　典型故障处理及案例分析

7.6.1　典型故障处理

7.6.1.1　监测数据中断

1）故障现象：后台查看数据时发现全站存在部分监测点无数据上传的情况。

2）处理原则：单个点不通信，重点去现场检查不上传的数据，断开 485 连接线，使用 USB 转 485 模块，使用通信调试软件连接，测试是否能显示设备状态，如显示不正常则更换电路板，如显示正常，则排查 485 通信线路是否正常。

7.6.1.2　监测数据异常

1）故障现象：ppm 值超大或者为负数。

2）处理原则：先用 RS-485 通信模块连至设备主板，记录当前系数，然后更换主板，将记录的系数输入新主板，观察数值是否发生变化，数值有变化则是主板存在故障，如无变化则是传感器存在故障。

7.6.1.3　主板故障

1）故障现象：用 RS-485 通信模块连至设备主板（图 7-4），无法连接。

2）处理原则：尝试重新烧录程序，并在主板上配置已记录的备份系数，重新配置后，召唤数据，查看装置运行状态是否正常，如仍然无法联机，则更换主板，重新修改系数，直至正常。

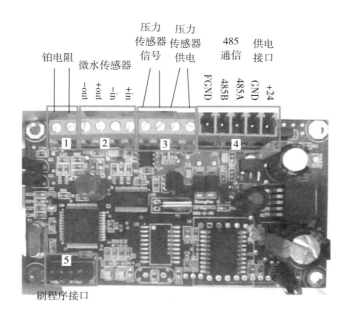

压力传感器信号　压力传感器供电　485通信　供电接口

铂电阻　微水传感器

-out +out -in +in

FGND 485B 485A GND +24

1　2　3　4

5

刷程序接口

图 7-4　装置主板

7.6.1.4　整个间隔全部无数据

1）故障现象：整个间隔全部无数据。

2）处理原则：检查通信线是否异常，检查设备 485 接线是否异常，然后将一端 485A、B 短接，在另一端用万用表量测量是否导通，如不导通，检查线路是否存在断路；如果正常导通，检查是否距离 IED 过远，如果过远（超过 300 米），则在合适的地方增加中继，采用同样方法分段排查。

7.6.1.5　IED 故障情况和后台异常

IED 故障一般表现情况为全部数据均无法正常上传，先检查 IED 内部工控机工作是否正常，如正常，再检查软件是否正常，如异常，再检查供电电源方面是否正常。若以上均正常，再检查通信模块和光纤收发器是否正常。

7.6.1.6　现场温度显示异常

1）故障现象：温度显示 15℃ 左右，但是现场实际值为 -4℃ 左右。

2）处理原则：

a. 修改系数后，重新召唤数据，观察显示温度是否变化，如果变化则应是系数选择不合适造成的，需重新计算系数。

b. 修改系数后，显示温度值仍然不变化，将铂电阻拆下后，测量电阻值，对照铂电阻分度表，查看铂电阻阻值和实际温度是否对应，以证明铂电阻正常。

c. 铂电阻正常则应检查电路板是否有问题，如有问题，需更换电路板并重新配置。

7.6.2 案例分析

（1）基本情况

某 220kV 变电站 SF$_6$ 微水及密度在线监测装置于 2019 年 5 月投运，自 2022 年 5 月以来，部分装置出现数据中断情况，多次进站维护未能彻底解决数据中断故障。根据最新缺陷清单统计，全站共安装 SF$_6$ 微水及密度监测传感器 72 只，31 个点数据中断于 7 月 22 日，6 个点数据中断于 8 月 30 日，12 个点数据中断于 9 月 1 日，共计 49 个监测点数据中断。

（2）原因剖析

全站 72 个监测点传感器通信采用 4 台 24 口 RS-485 集线器连接，每台 RS-485 集线器分别接入 18 只传感器，数据中断的 49 个监测点分布于 4 台集线器所在线路中，判断 IED 单元无故障，将问题原因锁定到集线器和传感器上。

（3）处理措施

220kV 侧 GIS 开关室 SF$_6$ 微水及密度在线监测系统，4 台 RS-485 集线器中，第 1 台接线器故障，导致该集线器所接入监测点数据中断，且该集线器为 4 台集线器终端接线器连接至 IED，导致其他集线器部分监测点数据中断。将 485 总线连接至其他接线器，并将该集线器所有监测点通信线连接至其他接线器，逐一排查确认，7 个监测点数据异

图 7-5　IED 单元

常，将备用传感器连接至该 7 个传感器航空插头确定，该 7 个点传感器故障导致数据中断，需更换传感器。

（4）建议

该站 SF$_6$ 微水及密度在线监测设备存在系统性的问题。首先前端传感器有多个点故障，其次采集端 RS-485 集线器故障。从目前的设备状态看，故障点配件需要进行全部更换，维护费用不低；同时，更换已知故障配件不一定能够彻底解决频繁出现的数据中断问题，后期可能还会有其他隐患。电子设备出现系统性故障时，一般很难从单一故障点彻底解决问题，若想从根本上解决这一系统性故障，建议升级改造整套现场设备，提高数据监测的稳定性。

附录A 油中溶解气体在线监测装置典型故障处理及案例分析

A1 电路部分故障

A1.1 主板死机或损坏

（1）故障现象

a. 通信中断，无法联机；

b. 主板无程序，数据全为0；

c. 主板基流最大化（最小化）；

d. 主板和PC板不通信；

e. 主板控制系统故障；

f. 主板程序丢失；

g. 主板采集模块放大器故障。

（2）处理原则

一般依据先排查后更换的原则，针对不同的故障情况运用不同的处理方法，比如单纯的主板基流最大化（最小化）故障（图A-1）可以运用调整电位计的方法进行调整基流值；先测量主板的供电系统是否稳定正常，主板供电电压一般为DC＋5V、±12V、＋24V和AC220V；主板上A/D芯片供电电压一般为DC＋12V和＋24V，单片机供电电压一般为DC＋5V；确认主板故障的情况下需要更换主板，同型号的可以直接替换，不同型号按照各个厂家的技术规程进行更换和监督；更换完板件应确认接线是否正确，并逐一测试各个流程控制是否正常；最后再进行整体调试。

（3）一起油色谱在线监测装置主板故障导致IED不启动的分析处理过程

1）基本情况：某220kV变电站＃1主变油色谱在线监测装置未实时在线，经查看中断时间为8月15日，通过远程至站端变电状态接入控制器发现通信灯为红灯，从变电状态接入控制器Ping现场装置IP发现物理链路不通。

2）原因剖析：现场检查发现装置的电源灯正常显示，电路板灯正常亮，但IED网口不亮，测量220kV供电电源正常，测量电源IED内运行电源模块DC＋5V电压无输

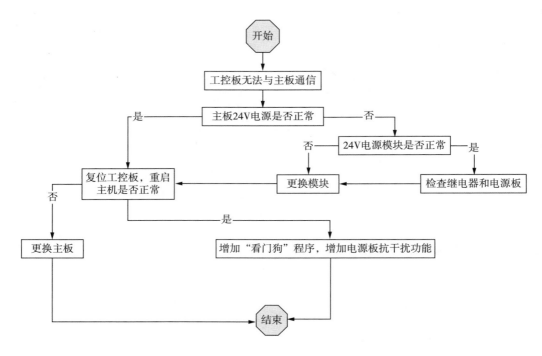

开始

工控板无法与主板通信

主板24V电源是否正常

是 → 复位工控板，重启主机是否正常

否 → 24V电源模块是否正常

是 → 检查继电器和电源板

否 → 更换模块

复位工控板，重启主机是否正常
否 → 更换主板
是 → 增加"看门狗"程序，增加电源板抗干扰功能

结束

图 A-1　主板基流故障处理流程图

出，检查值守 DC+5V 和±12V、+24V 电源模块供电正常，测量主板供电电压均正常；按主板复位按钮，待数分钟后 IED 网卡正常亮，查看主机参数（图 A-2），发现柱箱、脱气、环境温度均无法读取，判定为主板程序异常、丢失或主板损坏。

3）处理建议：经过排查确认为电路主板（图 A-3）故障，更换同型号主板，并调整主板参数。经过调试，基线基流、整机噪声均正常，装置正常，数据准确。电路主板主要可能发生的故障为死机、元器件损坏、基流最大化、采集参数异常、程序丢失或错乱等。

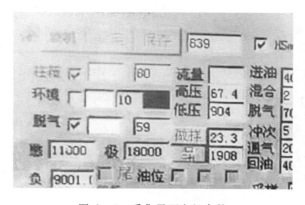

图 A-2　采集界面主机参数

图 A-3　油色谱装置电路主板

A1.2 工控系统或者 PC 板故障

（1）故障现象

a. 暂时性（保护性）死机；

b. 能 Ping 通无法联机；

c. PC 板系统不同步，系统时间错误；

d. PC 板 BIOS 丢失，导致系统程序丢失；

e. PC 板网口不通；

f. PC 板磁盘损坏。

（2）处理原则（图 A-4）

先对 PC 板断电重启，观察其是否能够正常运行；通过 VNC 或者下位机远程联机至 PC 板系统确认；检查 PC 板供电电压是不是稳定；系统时间错误更换 PC 板电池，在带电的情况下进行更换，更换后进行修改系统时间，然后断电重启，重启后查看系统时间是否正常，如果异常则是 BIOS 丢失，则需要更换 PC 板；PC 板有磁盘的情况下，如果无法启动，应先考虑更换磁盘或者磁盘系统；更换后看 PC 板运行是否正常，不正常的情况下，需更换 PC 板，按照原 PC 板参数进行配置；配置 IP 地址，采集软件、61850 服务端上传软件或者 485 通信的设备 ID。

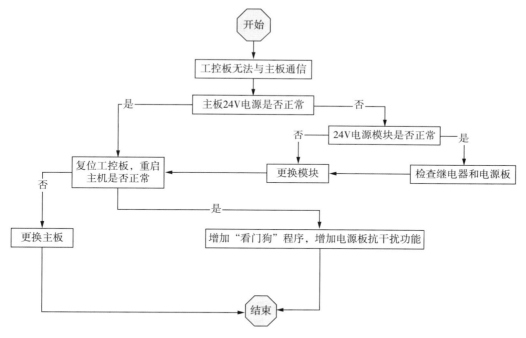

图 A-4　工控系统或 PC 板故障处理流程图

（3）一起油色谱在线监测装置 ARM 板系统故障的分析处理过程

1）基本情况：某 220kV 变电站♯2 主变油色谱在线监测装置于 2016 年 2 月投入运行，数据中断时间为 2022 年 10 月 6 日，通过远程至站端变电状态接入控制器发现通信灯为红灯，从变电状态接入控制器 Ping 现场装置 IP 发现物理链路不通。

2）原因剖析：现场检查发现装置电源模块的 DC 供电电源灯均正常，但 ARM 板 ALM 灯（图 A-5）正常亮起，通信网卡灯正常亮起，如图 A-5 所示。

图 A-5　处置前电源模块 ALM 告警灯亮起

采用网络方式通过采集软件查看实时状态及读取继电器状态均超时，采用 RS-485 模块通过 485 通信方式操作主机指令均正常，说明装置 ARM 板损坏或系统故障。重新烧录程序、设置参数、配置服务，点击采集软件复位指令，经过 5 分钟面板 ALM 熄灭（图 A-6），读取设备状态正常，设备恢复正常运行（图 A-7）。

图 A-6　处置后电源模块 ALM 告警灯熄灭

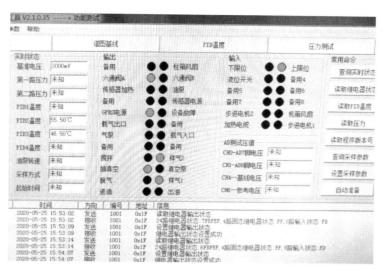

图 A-7　设备恢复正常后采集页面图

3）处理建议：经过现场排查确认为 ARM 板系统损坏或者程序丢失造成故障告警，烧录程序重新调试后装置恢复正常。工控板、ARM 板、PC 板、规转板主板主要可能发生的故障有直流供电电压不足（电源模块损坏）、磁盘或储存器损坏、61850 服务不启动、网卡损坏、内存条告警、系统时间错误等。各故障现象有所不同，可根据现场现象进行判定。

A1.3　强电系统故障

（1）故障现象

电源板（继电器板故障）故障。

（2）处理原则（图 A-8）

电源板故障一般多为固态继电器烧坏，或者电路主板发出指令电源板继电器不执行；主机重启后一般最先给开关电源和电路主板供电，电路主板启动后发指令给电源板，电源板执行指令，控制继电器工作或者停止；如果出现电路板发出指令无法执行时，更换固态继电器或者整套电源板即可解决。

（3）一起油色谱在线监测装置电源板运行继电器损坏故障的分析处理过程

1）基本情况：某 500kV 变电站＃2 主变 A 相油色谱在线监测装置于 2015 年 9 月

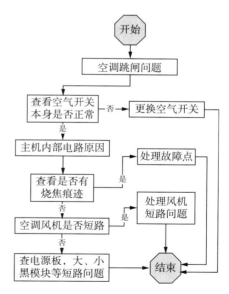

图 A-8　强电系统故障处理流程图

投入运行，数据中断时间为 2022 年 3 月 6 日，通过远程至站端变电状态接入控制器发现通信灯为红灯，从变电状态接入控制器 Ping 现场装置 IP 发现物理链路不通。

2）原因剖析：现场检查发现装置的电源灯正常，经过检测发现除值守电源外其他模块均不带电，通过测量发现强电部分运行继电器有输入无输出，判定为电源板运行继电器故障（图 A-9）。更换电源板继电器后装置正常启动。

输入电压正常　　　　无输出电压

图 A-9　电路主板图

3）处理建议：经过现场排查确认故障原因为电源板运行继电器故障，更护电源板运行继电器重新调试后装置恢复正常。强电板故障主要包括各种继电器故障（运行、空调、风机、柱箱加热、脱气加热、电源模块等控制继电器故障）、空调换热风机短路引起跳闸、加热板引起跳闸、柱箱脱气加热棒引起跳闸或烧坏电源板等。各故障现象也有所不同，可根据现场现象进行判定。

A1.4　开关电源模块（图 A-10）故障

（1）故障现象

一般为直流无输出、直流输出电压不稳、直流输出电压正常但功率不够无法带负载等。

（2）处理原则

先测量开关电源模块的输入 AC220V 电压是否正常，如果正常，测量对应的直流输出电压是否正常，如果输出为 0，则断开输入，测量输出端的电阻，如果无穷大则查看保险是否烧坏，如果烧坏，更换后查出保险烧断的原因是短路还是过载，如果因为过载则需要更换更大容量的电源模块；如果输出电压不稳，也应断开输入电压，测量输出电阻是否稳定或者在合理范围内，否则电源模块内部元器件可能被击穿或者损坏，需更换电源模块；不带负载测量输出直流电压正常，带负载测量电源模块输出电压跳变，确认负载无短路现象，如果负载无短路，则确认电源模块损坏，直接更换对应的或者更大容量的开关电源模块。

（3）故障案例

故障现象：某变电站所有油色谱在线监测数据不更新，远程查看时装置 IED 通信不通。

判断过程：运维人员通过 CAC 装置对开展色谱装置的 IED 模块 IP 地址 Ping 测试，如果无法 Ping 通，则初步判断是装置电源模块等存在故障。

运维过程：运维人员首先对开关电源模块（图 A－10）的输入 AC220V 电压进行测量，发现交流电压正常，但对应输出电压为 0。再次对电源模块检测时发现，断开输入，测量输出端的电阻是无穷大，短路损坏，更换电源模块后，色谱装置恢复正常。

A1.5　空调单元故障

（1）故障现象

噪音大、风扇不转，电阻异常导致跳闸，积水和不制冷。

图 A－10　开关电源模块

（2）处理原则

a. 噪音大：噪音大可分为空调与主机共振产生的噪音大和空调本身的噪音大。空调与主机共振一般是后门未关紧或固定螺丝松动，应紧闭后门或拧紧螺丝。空调本身的噪音大一般是风机、冷凝器或空气压缩泵故障，应对空调开展检查、维修或更换。

b. 空调风机风扇不转：测量电源板上的交流 220V 电压是否正常，如果电压正常，风扇不转，听是否有嗡嗡的声音，如果有启动声音但是不转，可以判断为风机线圈或启动电机故障，需更换处理。如果听不到声音，可以断电拆下其中一根线后测量电阻应该是 $250\Omega \sim 300\Omega$，如果电阻偏差较大，需要更换风机或者更换空调。

c. 空调积水：空调积水主要是排水口堵塞、冷凝器故障。若排水口堵塞需要进行疏通，若冷凝器故障则需要维修更换。

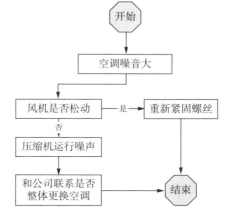

图 A－11　空调单元故障处理流程图

d. 空调短路：测量空调风机电阻是否正常，对地是否短路，线路之间是否短路，如果其中一个短路，则无法工作，需要维修更换。

A2　载气单元故障（自产载气设备）

（1）故障现象

a. 载气单元空气压气源泵（压缩泵）故障；

b. 载气单元内部漏气（除水器、除潮阀等各连接点漏气）；

c. 储气罐漏气、净化管漏气；

d. 电磁阀、三通阀本体漏气；

e. 供电电源控制系统故障。

（2）处理原则

a. 把气源泵出口拆除，接上压力表，给气源泵供电保证气源泵工作，查看工作30秒后压力表压力是否超过0.4MPa，如果超过0.4MPa，则说明气源泵工作正常，否则需要更换气源泵。

b. 用检漏液对各个气路连接点进行涂抹，发现漏气则应更换气路密封垫或者气路管。

c. 储气罐、净化管由于工艺的原因，罐壁有缺陷，如有极其微小的砂眼，导致罐体漏气，可以用检漏液进行检漏，也可在各出口接压力表憋压试漏；发现漏气必须进行更换。

d. 拆开电磁阀出口，用流程控制电磁阀通断，确认是否正常出气或关闭；电磁阀本体和气路两通连接处可以通过检漏液涂抹法确认是否漏气，如果发现电磁阀漏气、开关故障就必须更换电磁阀。

e. 载气单元供电有 AC220V 和 DC24V 供电；其中 AC220V 供给气源泵，DC24V 控制电磁阀，通过万用表测量可以确认供电是否正常，若不正常则更换供电板路。

（3）一起载气单元空气压缩泵故障的分析处理过程

1）基本情况：某 220kV 变电站♯2 主变油色谱在线监测装置于 2021 年 3 月投入运行，2022 年 9 月 28 日出现数据异常或超出阀值报警的情况，总烃和氢气数值不合理，压力值显示－9999（图 A－12）。

监测名称	监测值	警感值	诊断结果	单位
采样时间	2022-10-01 10 18 14			
氢气	0	150		μL/L
甲烷	77.1	100		μL/L
乙烷	0	100		μL/L
乙烯	0	100		μL/L
乙炔	19.7	10		μL/L
总烃	96.9	300		μL/L
微水	-99999	100		μL/L
一氧化碳	0	850		μL/L
二氧化碳	51.8	5000		μL/L

图 A－12　数据异常页面图

2）原因剖析：一般压力值显示－9999 说明载气欠压，运维人员现场检查发现载气单元压力表显示为 0，通过软件手动启动空气压缩泵，载气空气压缩泵正常工作，但是储气罐压力不升高。拆开空气压缩泵与净化装置连接管，用手堵住空气压缩泵出口，发现没有压力，判定为空气压缩泵损坏或者漏气。

3）处理建议：更换空气压缩泵后，先进行空气压缩泵测试，正常有压力输出，恢复后，启动空气压缩泵载气压力正常，并升高至 0.4MPa，经过调试装置稳定运行。一般载气单元（图 A－13）故障多为空气压缩泵故障、净化装置老化导致载气不纯、电磁阀漏气或损坏、连接管漏气、罐体砂眼等，故障现象基本相同，大部分为载气单元出口压力低，可根据上述排查方法进行逐一排查。

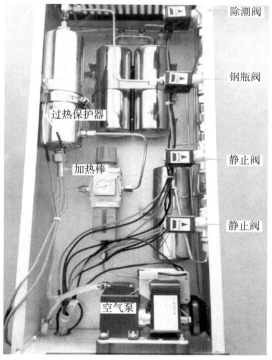

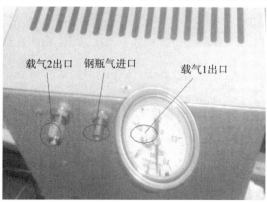

图 A-13 载气单元

A3 气路漏气

（1）故障现象

一瓶载气做样次数达不到正常的做样次数，在憋压试漏时发现不保压（正常憋压试漏时间为 15 分钟，载气低压表下降不超过 0.05MPa）；在涂抹试漏时发现漏点；装置油气分离或者检测器单元漏气。

（2）处理原则（图 A-14）

一瓶载气做样次数达不到正常做样的次数，首先确定是否为大漏，是内部漏气还是外部漏气，更换载气先用涂抹法进行试漏，用检漏液对外部气路各连接点进行涂抹，看是否起泡，如果起泡则进行相应的处理，更换密封垫、更换减压阀；如果外部气路不漏气，则排查电磁阀、五通阀、六通阀故障。

常见变电在线监测装置运维技术

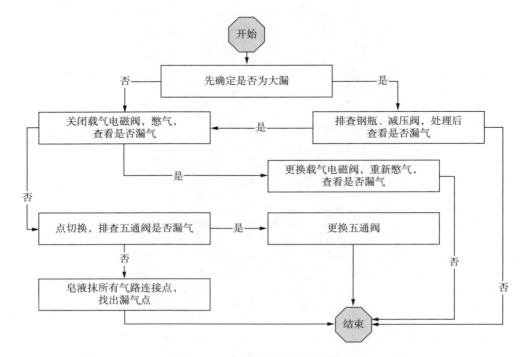

图 A-14 气路漏气故障处理流程图

（3）一起减压阀（图 A-15）高压接口漏气的故障分析处理过程

1）基本情况：某供电公司 220kV 变电站♯1 主变油色谱在线监测载气供气方式为钢瓶供气，在更换载气后 20 日上传所有气体组分数据为 0，上传载气压力显示－9999，查看装置运行日志报载气压力异常。

2）原因剖析：运维人员首先对载气瓶进行更换，载气瓶压力正常；在装置流程未启动的情况下进行憋压试漏，把钢瓶总阀打开，把低压出口调至合理的压力，把钢瓶总阀关闭。憋压 15 分钟，观察低压表压力值，高低压表指数均降为 0，判定为漏气。把减压阀低压出口阀关闭，把钢瓶高压打开，高压表指数显示正常，然后用皂液涂抹法进行试漏，发现钢瓶与减压阀连接处漏气。减压阀与钢瓶为硬密封，将其打开对减压阀连接口及钢瓶接口进行清理、吹扫，重新连接后经过对整机和减压阀进行试漏，确认不漏气。

3）处理建议：经过上述原因分析，判定为减压阀与钢瓶连接处漏气，由于金属的膨胀系数有所差异，建议钢瓶与减压阀接口处应为同一材质，并且更换钢瓶时要对减

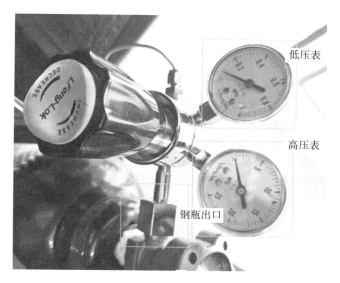

低压表

高压表

钢瓶出口

图 A-15　减压阀

压阀及钢瓶口进行清理和吹扫，更换完载气后应对整机进行试漏。气路漏气故障一般分为减压阀漏气、钢瓶漏气、五通阀六通阀漏气、载气电磁阀漏气等。

A4　油路系统故障

（1）故障现象

主要表现为不进油或者进油慢、不回油或者回油慢、渗油等，其中渗油主要表现为油色谱在线监测主机内部渗油和外部渗油等。外部渗油主要表现为油阀密封不良渗油、油阀螺距不吻合渗油、油路管砂眼漏油等。内部渗油表现为磁驱齿轮泵本体漏油、电磁阀渗油、各油路连接点渗油。

（2）处理原则（图 A-16）

a. 不进油或者进油慢：首先确认油阀是否正常，截止阀是否正常开启，拆除油路管，如果仍不出油，可能存在阀芯卡死问题，需要更换取样阀；如果主变本体出油正常，查看主机进油电磁阀进口是否进油正常，如果油速正常，则排查进油电磁阀是否进油正常，对于不正常的部分（油阀、油路管、电磁阀等配件）直接进行更换。

b. 不回油或者回油慢：先确认回油泵是否正常工作；回油泵正常工作后查看回油电磁阀是否能够正常打开，回油电磁阀出口端是否能正常出油、油速是否能达到回油压力；确认回油阀是否为单相阀（阀门只能出油不能回油），则要拆除阀芯进行回油。

c. 渗油情况：查看变压器阀门是否正常开启，运行状态油阀应处于常开状态，如图 A-17 所示，油阀和油路管接头是否渗油，主机内部是油路和油路管接头是否渗油，主机内部下方底板上是否有油迹。

对于阀门渗油可以紧固法兰盘的固定螺丝后观察，若紧固后还渗油则关闭总阀门后通知厂家处理。如出现图 A-18 中标注"1"处渗油，可以在标注"2"处的位置使用合适的活口扳手，顺时针拧紧即可。若还存在渗油，则可以关闭标注"3"处阀门或者标注"4"处的总阀，并通知厂家处理。

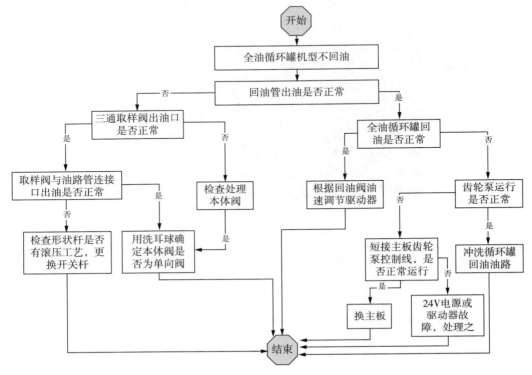

图 A-16　油路系统故障处理流程图

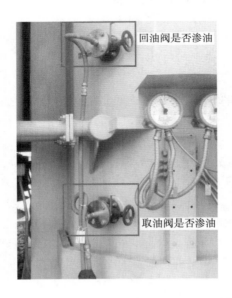

图 A-17　取/回油阀

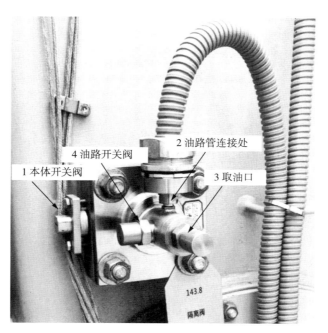

图 A-18　阀门常见渗油位置

（3）故障案例

故障现场：某变电站所有油色谱在线监测装置基础表面（图 A-19）有明显的油迹。

判断过程：运维人员通过对油阀、油管等进行观察，发现油管表面有油珠存在，初步判定为油管的螺丝松动。

运维过程：运维人员首先对色谱的油管连接做进一步观察分析，发现是油管松动；重新紧固后，清洗现场油迹，多次确认无渗油现象后，离开现场。

A5　通信系统故障

（1）故障现象

a. 表现为光纤收发器光口和电口损坏、光纤收发器电源损坏、光纤或者跳线断裂、通信帧长不同导致时断时续；

b. 表现为 485 通信线断裂、485 模块收发故障、485 模块供电电源故障、485 模块和 232 信号拨码开关错误。

图 A-19　装置基础存在油迹

（2）处理原则

a. 光纤收发器光口损坏：进行光缆通断检测，用激光手电、太阳光、发光体对着光缆接头或耦合器的一侧照光，在另一侧观测是否透光，如有可见光则表明光缆没有断。

b. 光纤收发器电口损坏：一般光纤收发器上有电口指示灯和光口指示灯，如果有不亮的情况则光纤收发器故障的概率较大，应更换同类型光纤收发器。

c. 光纤收发器电源损坏：光纤收发器电源供电有内置和外置两种，供电电压等级也不尽相同，按照光纤收发器说明上的供电电压等级测量判定是否为光纤收发器供电电源损坏。

d. 光纤收发器或者交换机对帧长都有一定限制，一般不超过 1522B 或 1536B。当在局端连接的交换机支持一些比较特别的协议而使包开销增大，从而超过光纤收发器帧长的上限而被其丢弃，表现为丢包率高或不通，应选用帧长相近的设备或者进行更换。

e. 485 模块电源灯不亮：测量电源是否为正常，RS485rep-2 模块工作电压是 9V～24V，RS485Hub-S4 模块工作电压是 9V～30V，主机内的 485 模块一般用 12V 开关电源供电。后台的 485 模块一般都是电源适配器供电，如果电源模块有问题可通过更换适配器或更换电源模块解决。如果电源正常，可以测量 485 模块供电电压，如果电压低于 9V，供电正常后，485 灯不亮，需要检查端子接线是否牢靠，是否存在接触不良、正负极接错等情况，并进行调整。

f. 485 模块信号灯常亮：一般是 485 模块故障，或者发热和干扰造成 485 模块死机。过热可通过手触摸感受温度的方法判断，对应处理策略为调整模块位置至通风口缓解，或更换模块。

（3）一起交换机故障引起的整站在线监测数据中断的分析处理过程

1）基本情况：某供电公司 220kV 变电站整站在线监测数据中断，远程查看站端变电在线监测状态接入控制器，站内避雷器在线监测、油色谱在线监测数据均不更新，通过站端变电在线监测状态接入控制器 Ping 现场装置 IED，IP 地址均不通。

2）原因剖析：运维人员现场检查，现场装置均正常，且各装置 IED 均能读到数据。检查变电在线监测状态接入控制器屏内交换机为多模双纤交换机（图 A-20），发现电口灯和光口灯都正常亮，用笔记本电脑在交换机上 Ping 现场装置 IED 均不通，Ping 变电在线监测状态接入控制器 IP 正常通信。检查现场光通道，用光纤红光笔分别对 6 根光纤进行打光测试，确认光通道正常。判定为光电交换机光口故障。

图 A-20　多模光电交换机

3）处理建议：经过现场排查确定光电交换机电口正常，光口故障。更换光电交换机后通信仍然异常，经过分析判断交换机光通信波长不匹配，多模双纤交换机模块波长需统一（850nm、1310nm、1550nm），单纤时模块收发波长需对称（一端模块发送波长为 1310nm、接收波长为 1550nm，则要求另一端模块发送波长为 1550nm、接收波长为 1310nm）。原交换机波长为 1310nm，而更换的交换机波长为 850nm，更换后通信恢复正常，全站数据正常接收和上传。

通信系统故障现象比较单一，多为通信中断。故障一般多为光纤收发器故障、光纤收发器供电电源故障、交换机故障、光模块波长不匹配、光纤断裂、衰减严重丢包、跳线损坏等，可根据现场情形逐一进行排查。

A6 脱气单元故障

（1）故障现象

a. 真空脱气系统：主要表现为真空泵损坏、真空罐漏气、电磁阀不动作或者漏气渗油、温度显示异常或者加热棒不加热、油气分离部分漏气或者阀切换故障等。

b. 动态顶空脱系统：主要表现为十通阀不切换或串缸、脱气部分脱气棒不工作、温度显示异常、加热棒不加热等。

（2）处理原则（图 A-21）

脱气单元故障一般需要更换整套脱气模块。

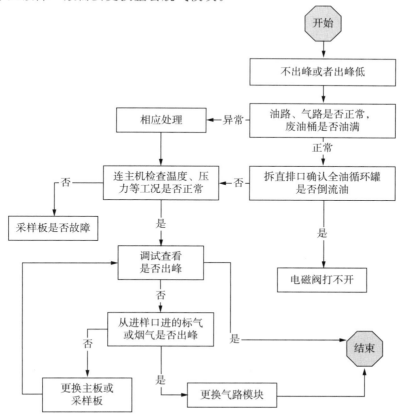

图 A-21 脱气单元故障处理流程图

（3）一起脱气单元漏气导致脱气不足数据异常的分析处理过程

1）基本情况：某 500kV 变电站油色谱在线监测装置数据紊乱，数据不合理，查看谱图（图 A-22）比较乱，查看采集软件发现当抽负压时，负压值异常为－6613，正常值应接近－10000，查看装置运行日志时会出现负压异常告警的情况。

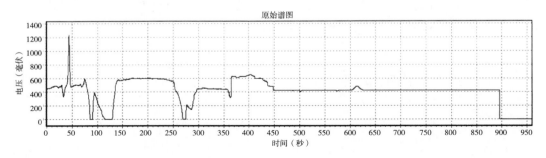

图 A-22　压力异常原始谱图

2）原因剖析：运维人员经过现场检查，发现主要是抽真空时负压值异常，怀疑脱气罐漏气或者真空泵异常，再对真空泵和脱气罐进行分步排查，发现脱气罐正常不漏气。当抽负压时，需要负压值较大，会出现漏气的情况，导致脱出的气体失真。经过进一步排查发现脱气罐顶部放油口密封处漏气，更换脱气罐的密封后脱气正常。

3）处理建议：根据上述排查剖析，确定故障为脱气罐放油口密封问题导致脱气失真，更换密封垫后脱气正常，装置正常运行。常见脱气模块（图 A-23）故障一般为真空罐漏气、真空泵故障、电磁阀漏气或故障、六通阀切换异常、脱气效率低等。故障现象也不尽相同，可根据现场情形进行逐一判定。

A7　柱箱单元故障

（1）故障现象

主要表现为色谱柱老化、污染；温控系统温度显示异常、不加热；检测器老化、断线、电阻不平衡等。

图 A-23　脱气模块

（2）处理原则（图 A-24）

a. 查看系统采集软件油样出峰情况，若样本出峰分离度差，则可以判定为色谱老化；若样品出峰变宽、存在峰挤或噪音多，则可以判定为色谱柱污染，应更换色谱柱。

b. 温控系统温度显示异常时需要更换温度传感器；温控系统不加热时应查看继电器是否正常供电，如果正常供电则进一步判断加热棒的电阻是否正常，如果不正常就需要更换柱箱系统。

c. 测量检测器电压是否正常，测量公共端对两极是否平衡，如果缺相说明检测器断线；如果正常，把检测器线拆掉，测量检测器电阻，看两个极对公共端是否平衡，电阻正常，说明检测器无故障；电阻无穷大说明断线，需要更换柱箱。

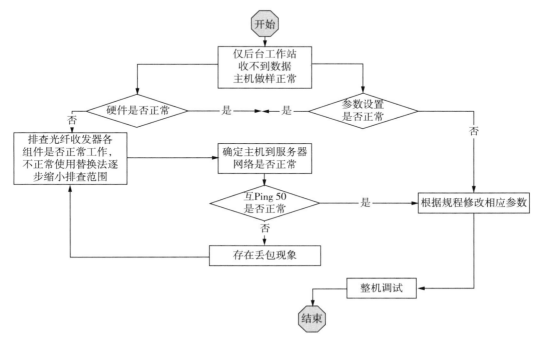

图 A-24　柱箱单元故障处理流程图

（3）一起柱箱色谱柱老化引起在线监测数据不合理的分析处理过程

1）基本情况：某±800kV换流站极Ⅰ低端换流变 YY－A 相经常出现乙炔、总烃告警的情况，数据经常性异常，数据重复性差，与离线装置数据误差较大，见表A-1。

表 A-1　数据异常统计表

序号	时间	设备名称	异常内容	异常部位	异常原因
19.	3.06	极Ⅰ低端 YY－A	乙炔报 17.06，更换主板	主板	数据异常
20.	3.09	极Ⅰ低端 YY－A	乙烷数据不稳定，更换主板	主板	数据异常
21.	3.1	极Ⅰ低端 YY－A	乙炔报 3.55，查看谱图为采样基线波动导致，下组数据已自动恢复	无	数据异常自动恢复
22.	3.12	极Ⅰ低端 YY－A	01：00乙炔报12.20，20：00报乙炔12.72、乙烷报18.56，更换主板	主板	数据异常

2）原因剖析：运维人员到达现场进行排查，调取油色谱在线监测装置原始谱图后发现谱图异常，如图 A-25 所示，出峰不规则，峰形杂乱。检查装置运行参数正常。查看设备基线噪声在合理范围内，判定热导检测器正常，色谱柱老化或者失效。

3）处理建议：经过排查确定色谱柱老化或填充晶体失效，更换色谱柱，调整柱前压，对色谱峰重新识别标定，出峰稳定，分离度合理，如图 A-26 所示。经过与离线设备对比，数据准确可靠。柱箱单元常见故障有色谱柱污染老化、检测器断线、检测器噪声大、温度传感器断线、加热棒不加热等，现象有所不同，应根据现场的具体情形来判定。

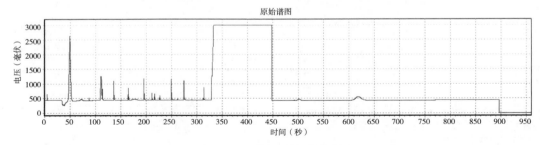

图 A-25　数据异常原始谱图

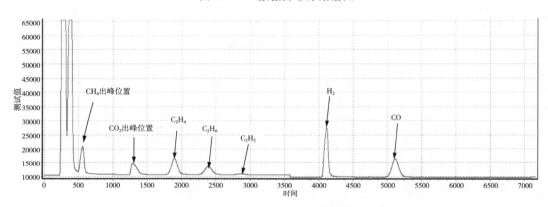

图 A-26　数据正常原始谱图

A8　后台通信系统故障

常见的故障有网络不通信，多数现象为后台无法接收数据，根据协议和模式要求排查方法略有不同。不过物理连接的检查方法是一样的，首先检查通信线路的连接（图 A-27）（如跳线和 485 通信电缆）是否正常，其次检查通信接收装置和模块是否正常，如发现是 485 模块或光纤收发器故障可购买通信模块后自行更换或者联系厂家服务人员更换。

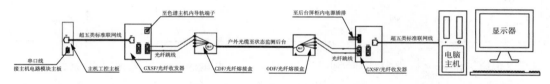

图 A-27　通信链路图

附录 B 油中溶解气体在线监测装置变电站油色谱现场比对报告附件

220kV 硕塘变电站♯1 主变油色谱在线监测数据截图

序号	ID	采样时间	装置名称	氢气	一氧化碳	甲烷	乙烯	乙烷	乙炔	二氧化碳	总烃
1	24	2022－10－13 06：12	B1903056	57.42	207.06	19.64	11.58	18.21	3.15	1617.54	52.58
2	23	2022－10－13 06：13	B1903056	56.17	202.8	19.45	11.46	18.06	3.18	1593.53	52.15
3	22	2022－10－13 04：13	B1903056	55.09	203.78	18.54	11.52	19.08	3.08	1594.03	52.22
4	21	2022－10－13 02：13	B1903056	55.74	203.14	19.32	11.49	18.03	3.07	1587.46	51.91
5	20	2022－10－13 00：13	B1903056	55.4	203.22	19.47	11.48	18.06	3.1	1564.08	52.11
6	19	2022－10－12 22：13	B1903056	54.8	203.41	19.38	11.54	17.99	3.11	1578.04	52.02
7	18	2022－10－12 20：13	B1903056	53.93	202.44	19.21	11.6	18.29	3.15	1574.03	52.25
8	17	2022－10－12 18：13	B1903056	53.16	202.19	19.14	11.56	18.25	3.08	1560.79	52.03
9	16	2022－10－12 16：13	B1903056	53.7	202.25	19.07	11.75	18.39	3.18	1549.42	52.39
10	5	2022－10－12 14：50	B1903056	10.58	26.58	1.28	1.54	0.74	0.66	475.78	4.22
11	4	2022－10－12 13：25	B1903056	10.47	26.31	1.2	1.51	0.73	0.61	480.06	4.05
12	1	2022－10－12 11：36	B1903056	10.54	24.77	1.15	1.55	0.71	0.6	472.26	4.01

220kV 硕塘变电站♯2 主变油色谱在线监测数据截图

序号	ID	采样时间	装置名称	氢气	一氧化碳	甲烷	乙烯	乙烷	乙炔	二氧化碳	总烃
1	15	2022－10－13 08：15	B1904001	17.61	131.95	11.17	16.04	19.52	2.48	834.81	49.21
2	14	2022－10－13 06：15	B1904001	17.67	133.86	11.23	16.12	19.63	2.5	832.05	49.48
3	13	2022－10－13 04：15	B1904001	17.83	135	11.33	16.13	19.63	2.51	834.53	49.6
4	12	2022－10－13 02：16	B1904001	17.94	135.22	11.4	16.47	20.12	2.5	848.47	50.49
5	11	2022－10－13 00：15	B1904001	17.94	134.3	11.34	16.25	19.92	2.52	841.94	50.03
6	10	2022－10－12 22：15	B1904001	17.92	135.71	11.38	16.39	19.99	2.53	844.97	50.29
7	9	2022－10－12 20：15	B1904001	18.2	136.94	11.59	16.59	20.23	2.57	552.03	50.98
8	8	2022－10－12 18：15	B1904001	18.73	137.48	11.74	16.74	20.43	2.61	561.61	51.52
9	7	2022－10－12 16：15	B1904001	19.22	145.6	12.03	17.13	20.77	2.7	562.82	52.63
10	6	2022－10－12 14：41	B1904001	9.48	22.71	1.26	2	0.64	0.53	177.94	4.43
11	3	2022－10－12 13：29	B1904001	9.43	22.32	1.21	1.96	0.72	0.54	384.36	4.43
12	2	2022－10－12 11：39	B1904001	9.72	20.48	1.15	2.08	0.62	0.53	378.79	4.38

样品谱图报告单

分析日期:2022 - 10 - 13

编号:922

组分	峰号	通道	浓度	保留时间（min）	峰高（mV）	峰面积（mV·s）
CH_4	1	通道一	19.01	0.625	18.037	65.524
C_2H_4	2	通道一	13.98	1.752	3.781	26.704
C_2H_6	3	通道一	20.06	2.122	2.940	25.517
C_2H_2	4	通道一	4.03	2.715	0.930	10.337
H_2	1	通道三	56.48	0.518	3.163	12.243
CO	1	通道二	310.01	1.202	17.067	131.039
CO_2	3	通道二	1641.18	5.895	3.611	159.207

样品谱图文件名	手动 _ 220kV 硕塘变 _ ＃1 主变中浓度 _ 2022 - 10 - 13 _ 110227 _ 4
校正曲线名称	校正曲线 _ 2022 - 10 - 12 _ 104830
通道一谱图	
通道二谱图	
通道三谱图	

批准：　　　　审核：　　　　分析人：admin

常见变电在线监测装置运维技术

114

样品谱图报告单

组分	峰号	通道	浓度	保留时间（min）	峰高（mV）	峰面积（mV·s）
CH_4	1	通道一	1.38	0.625	1.312	4.618
C_2H_4	2	通道一	2.18	1.775	0.590	4.311
C_2H_6	3	通道一	0.74	2.152	0.108	0.920
C_2H_2	4	通道一	0.56	2.760	0.129	1.500
H_2	1	通道三	10.27	0.515	0.575	2.425
CO	2	通道二	29.30	1.212	1.613	12.319
CO_2	4	通道二	395.41	6.030	0.870	40.033
样品谱图文件名		手动 _ 220kV 硕塘变 _ ♯1 主变低浓度 _ 2022-10-12 _ 141612 _ 4				
校正曲线名称		校正曲线 _ 2022-10-12 _ 104830				
通道一谱图						
通道二谱图						
通道三谱图						

批准：　　　　审核：　　　　分析人：admin

变压器油中溶解气体在线监测装置现场比对校验报告
××供电公司

校验地点		220kV 硕塘变			被监测设备名称			#1 主变油色谱在线监测装置		
装置厂家		—			装置型号			—		
出厂编号		B1903056			装置生产日期			2019 年 3 日		
装置投运日期		2019 年 9 月			试验日期			2022 年 10 月 13 日		
环境温度/相对湿度		19℃/54%			报告编号			NRJD-HF-JV-018		
校验依据		Q/GDW 10536-2021《变压器油中溶解气体在线监测装置技术规范》								

检测记录

		气体组分	CH_4	C_2H_4	C_2H_6	C_2H_2	H_2	CO	CO_2	总烃
测量准确性	油样1 ($\mu L/L$)	标准值	1.38	2.18	0.74	0.56	10.27	29.30	395.41	4.86
		在线装置	1.15	1.55	0.71	0.60	10.54	24.77	472.25	4.01
		绝对误差	-0.23	-0.63	-0.03	0.04	0.27	-4.53	76.84	-0.85
		相对误差	-16.67%	-28.90%	-4.05%	7.14%	2.63%	-15.46%	19.43%	-17.49%
	油样2 ($\mu L/L$)	标准值	19.01	13.98	20.06	4.03	56.48	310.01	1641.18	57.08
		在线装置	19.21	11.60	18.29	3.15	53.93	282.64	1574.83	52.25
		绝对误差	0.20	-2.38	-1.77	-0.88	-2.55	-27.37	-66.35	-4.83
		相对误差	1.05%	-17.02%	-8.82%	-21.84%	-4.51%	-8.83%	-4.04%	-8.46%
最小检测浓度		气体组分	CH_4	C_2H_4	C_2H_6	C_2H_2	H_2	CO	CO_2	总烃
		标准值	1.80	2.18	0.74	0.56	10.27	29.30	396.41	4.86
		第一次测量	1.15	1.55	0.71	0.60	10.54	24.77	472.25	4.01
		第二次测量	1.20	1.51	0.73	0.61	10.47	26.31	480.06	4.05
		第三次测量	1.28	1.54	0.74	0.66	10.58	26.58	475.78	4.22
测量重复性		检测序号	CH_4	C_2H_4	C_2H_6	C_{H2}	H_2	CO	CO_2	总烃
		1	19.14	11.56	18.25	3.08	53.16	282.19	1560.79	52.03
		2	19.21	11.60	18.29	3.15	53.93	282.64	1574.83	52.25
		3	19.38	11.54	17.99	3.11	54.80	282.61	1578.84	52.02
		4	19.47	11.49	18.05	3.10	55.40	283.22	1587.98	52.11
		5	19.32	11.49	18.03	3.07	55.74	283.14	1587.46	51.91
		6	19.54	11.52	18.08	3.08	55.99	283.78	1594.83	52.22
总烃 RSD 值			0.25%							

外观和功能检查	结构外观	符合要求
	基本功能	满足
	数据传输	正常
	告警阈值	正常
校验结果及设备评价		设备经过试验，测量误差、重复性、最小检测浓度，符合 Q/GDW 10536-2021《变压器油中溶解气体在线监测装置技术规范》的标准
批准		审核 审核

常见变电在线监测装置运维技术